Bibliografische Information der Deutschen Nationalbibliothek:

Die Deutsche Nationalbibliothek verzeichnet diese Publikation in der Deutschen Nationalbibliografie; detaillierte bibliografische Daten sind im Internet über http://dnb.d-nb.de abrufbar.

Impressum:

Copyright © 2016 Studylab

Ein Imprint der GRIN Verlag, Open Publishing GmbH

Druck und Bindung: Books on Demand GmbH, Norderstedt, Germany

Coverbild: ei8htz

Cora Schuppel

Das Sezieren tierischer Organe als Arbeitsform im Biologieunterricht

Inwiefern beeinflussen die Emotionen der Lehrkraft die Unterrichtsmethodik?

2014

Inhaltsverzeichnis

1. Einleitung 6
2. Faszination und Ekel 8
   2.1 Gefühle und Emotionen 8
   2.2 Entstehung und Einflüsse 12
   2.3 Bisherige Forschungen zu Emotionen 17
3. Unterrichtsmethoden 22
   3.1 Sozial- und Arbeitsformen 22
   3.2 Vor- und Nachteile der jeweiligen Methode 24
4. Hypothesen 29
   4.1 Zu erwartende Ergebnisse aufgrund der Hypothesen 30
   4.2 Bisherige spezifische Forschungen zu Ekel 31
5. Umfrage 36
   5.1 Auswahl der Fragen 36
   5.2 Probanden 38
6. Durchführung 40
   6.1 Fragebogen 40
   6.2 Datenerhebung 41
7. Ergebnisse 43
   7.1 Tabellarische Auswertung 43
   7.2 Schriftliche Auswertung 78
8. Ergebnisse und Diskussion der Ergebnisse im Hinblick auf die Hypothesen 82
   8.1. Ergebnisse 82
   8.2 Diskussion der Ergebnisse 91
9. Mögliche Alternativen 95
10. Anhang 99
    Abbildungen der einzelnen Fragen im Vergleich Gruppe 1 zu Gruppe 2 99
    Standardabweichung, Mittelwert und Median der einzelnen Fragen 111

11. Quellenangabe 112
Bücher 112
Artikel 113
Abbildungen 114

1. Einleitung

Das Sezieren zählt zu den gängigen Methoden für das Studium der Humanbiologie. Es dient den Studenten sich mit anatomischen und funktionalen Wissensinhalten näher auseinander zu setzen und durch das praktische Arbeiten eine Vertiefung des Gelernten zu erreichen. Die Humanbiologie macht wiederum, den größten Teil der Gesundheitserziehung an den Schulen aus und ist somit nicht aus der Schulpraxis weg zu denken. Um die Gesundheit und Lebensqualität von Schülern zu steigern, ist eine adäquate Gesundheitserziehung unverzichtbar. Wieso ist das Sezieren, dann keine gängige Methode in der Schulpraxis? Mit dieser Frage beschäftigt sich die folgende wissenschaftliche Hausarbeit. Dafür wurde eine schriftliche Umfrage mit Studenten der pädagogischen Hochschule Heidelberg durchgeführt. Es gilt heraus zu finden, ob die angehenden Lehrer und Lehrerinnen, durch bestimmte Einflüsse, abgeneigt sind, in ihren späteren Unterrichtsstunden das Sezieren als Arbeitsform durchzuführen. Es ist vorstellbar, dass ein Lehrer es meidet am tierischen Original zu arbeiten, wenn er selbst demgegenüber kritisch eingestellt ist. Seine Einstellung wiederum kann durch Vorerfahrungen oder selbst gewählter Ernährungsweise beeinflusst sein. Die Vorerfahrungen sind entweder negativ oder positiv emotional belastet und prägen die Einstellung der Person zur Arbeit mit Organen im Original dauerhaft.

Die hier untersuchten Einflüsse sind Vegetarismus und die spezifischen Emotionen Ekel und Faszination. Gefühle und Lernen, ist kein neues Themengebiet in der Pädagogik.

Schon Johann Heinrich Pestalozzi ging, in seinem Credo zum ganzheitlichen Lernen „ mit Kopf, Herz und Hand" darauf ein, dass Gefühle ernst genommen und in einen Lernprozess mit einbezogen werden sollten. Auch Jean Jaque Rousseau erkannte, dass Gefühle wünschenswert für das Bildungsgeschehen sind. (vgl. Huber, 2013, S.50)

Nun soll hier, aber nicht untersucht werden, welche Gefühle wünschenswert während einer Sezierung sind und hervorgerufen werden sollen, sondern ob Gefühle einen starken Einfluss darauf haben, dass angehende Lehrer bei einer bestimmten Arbeitsform abweisend reagieren. Wie diese Gefühle und Emotionen entstehen und in wie weit sie prägend oder lernhemmend wirken können, wird in den Eingangskapiteln beschrieben. In dieser Arbeit wird nicht ausdrücklich das Empfinden von Schülern während einer Sezierung thematisiert und genauer untersucht. Dennoch müssen bei emotionsbelastenden Arbeitsweisen (wie z.B. dem Umgang mit toten Tieren), immer das Wohlergehen der Schüler von der Lehrperson berücksichtigt werden. Eine Unterrichtsstunde sollte niemals eine traumatisierende Wirkung auf die Schüler haben, auch wenn diese dann länger in Erinnerung bleibt. So ist der Lernerfolg doch fraglich, ebenso wie die anschließenden Reaktionen der Schüler und Eltern.

Es gibt natürlich noch weit mehr Arbeitsformen, die für humanbiologische Lerninhalte in Frage kommen, daher werden hier auch auf diese eingegangen und die jeweiligen Vor- und Nachteile genauer betrachtet. Für die genauere Auseinandersetzung mit den hemmenden Einflüssen gegenüber dem Sezieren, sind in dieser Arbeit fünf Hypothesen aufgestellt worden. Auf diese wird nach der allgemeinen Auswertung des Umfragebogens, genauer eingegangen.

Die Auswahl der spezifischen Emotionen Faszination und Ekel, erschließt sich aus der Unterrichtspraxis. Da diese beiden Gefühlszustände bei einer Sezierung am wahrscheinlichsten zu erwarten sind. Es ist eher weniger anzunehmen, dass die Emotionen Wut, Trauer, Neid, Begierde oder Hass, um eine Auswahl zu nennen, beim Anblick von tierischen Organen bei Lehrern oder Schülern wahrzunehmen sind. Es ist eher zu beobachten, dass Personen fasziniert, desinteressiert oder angeekelt, bei einer derartigen Arbeitsweise reagieren.

Als Verfasserin dieser Arbeit interessiert es mich besonders herauszufinden, warum manche meiner Kommilitonen, eine so für mich faszinierende Art zu unterrichten, schon während des Studiums ablehnen oder es in ihrer späteren Lehrerlaufbahn nicht in Betracht ziehen werden diese einzusetzen. Als mehrfache Tutorin in den Seminaren Humanbiologie eins und zwei an der pädagogischen Hochschule Heidelberg, konnte ich die verschiedensten Reaktionen bei den Studenten beobachten, wenn Ihnen fast allwöchentlich Organe zum Sezieren vorgelegt wurden. Vorher war ich der Auffassung, wenn sich eine Person für das Studium der Biologie entscheidet, sie auch Begeisterung für das Sezieren hegt. Doch diese unterschiedlichen emotionalen Reaktionen, die ich beobachtet habe, lassen mich meine Meinung überdenken. Das Sezieren, als Lernarbeitsform für die Anatomie und Gesundheitsbildung im humanbiologischen Unterricht, ist für mich eine logische und nicht weg zu denkende Methode im Schulalltag. Auch wenn ich in meiner eigenen Schullaufbahn, nie in den Kontakt mit Organen im Original gekommen bin, so hat mir dies mein Studium und meine Tätigkeit als Tutorin doch sehr deutlich gemacht. Daher ist es mir ein Anliegen die Ursachen und Zusammenhänge für das Einsetzen dieser Unterrichtsform herauszufinden.

2. Faszination und Ekel

2.1 Gefühle und Emotionen

Befasst man sich mit dem Thema Ekel und Faszination, ist es sinnvoll die Unterschiede zwischen Emotionen, Affekten und Gefühlen vorab zu klären. So schreiben Dehner-Rau und Reddemann in „Gefühle besser verstehen" folgende Erläuterungen.

„*Eine Emotion ist eine plötzliche Reaktion unseres gesamten Organismus. Sie enthält verschiedene Komponenten: Die physiologische, die kognitive und die Verhaltenskomponente. Eine Emotion hält in der Regel nur kurz an und kann relativ schnell in eine andere Emotion wechseln. Im Gegensatz zu Affekten, sind Emotionen meist milder in ihrer Intensität und deutlicher von Lernen und Erfahrung beeinflusst.*"

Werden Handlungen ausgelöst, die nicht oder in geringem Maße kontrollierbar sind, spricht man von Affekten oder Affekthandlungen. Affekte sind die einschießenden, heftigen Gefühle, die körperlich deutlich erlebbar sind, mit hoher psychischer Erregung einhergehen und meistens eine soziale Reaktion hervorrufen. „*Sie sind das Ergebnis unbewusster affektiver Verarbeitungsprozesse, je nach Bewertung fallen sie positiv oder negativ aus. Oft werden Affekte als diffuse Zustände erlebt, die sich in körperlichen Reaktionen zeigen können. Ein bewusster Zugang zu Auslösereizen besteht bei Affekten im Gegensatz zu den Emotionen nicht. Bei den Emotionen sind nicht nur affektive, sondern auch kognitive Verarbeitungsprozesse beteiligt, was sie dem Bewusstsein zugänglicher macht.*"

Unter einem Gefühl versteht man die subjektive Wahrnehmung einer Emotion. Die Fähigkeit, Gefühle zu haben, erfordert ein Bewusstsein seiner selbst und des eigenen Verhältnisses zur Umwelt. Gefühle können also nur als solche erlebt werden, wenn das Gehirn neben einem Überlebenssystem auch die Fähigkeit zum Bewusstsein besitzt. Gefühle können wir benennen oder über Bilder ausdrücken. Wir können sie aber auch verstecken. Im Gegensatz zu Emotionen, sind Gefühle einer Person nicht immer an zu sehen. Gefühle sind spezifischer und immer auf bestimmte Gegebenheiten bezogen. Sie sind beeinflusst von unserem Denken, unserer Weltanschauung und Vorerfahrungen. Welche Gefühle wir haben, hängt von unserer eigenen Art der Auffassung ab (vgl. Dehner-Rau, Reedemann, 2011, S. 16-19).

Im Gegensatz zum Ekel, kann die Faszination zu den Gefühlen gezählt werden, da sie keinen direkten Auslöser braucht und beliebig oft abrufbar ist. Auch kann

Faszination über einen längeren Zeitraum hinaus, wenn das betroffene Objekt oder der Auslöser nicht anwesend sind, hervorgerufen werden. Faszination ist immer an einen auslösenden Faktor in Form einer Handlung oder einem Objekt verbunden.

Es sollte noch erwähnt werden, dass Ekel leider oft mit Angst verwechselt wird, obwohl diese zu den Gefühlen zählt und nicht situationsabhängig ist. So kann man sich vor etwas ängstigen dass im Moment nicht da ist (wie z.b. das Monster im Schrank, oder Angst vor Schlangen zu haben), aber Ekel nur empfinden wenn der Auslöser direkten Einfluss hat.

Ekel zählt zu den Basisemotionen, deren Anzahl je nachdem welche Quellen heran gezogen werden, zwischen fünf und 15 beträgt. Wobei Ekel immer bei den elementaren Emotionen hinzu gezählt wird, ebenso wie Furcht, Zorn und Freude. Charakteristisch für eine Basisemotion ist, der weltweit für eine Emotion gleich geltende Gesichtsausdruck, der schon bei kleinen Kindern zu beobachten ist. Kennzeichnend für Basisemotionen ist auch die Tatsache, dass sie plötzlich eintreten, von kurzer Dauer sind, sich deutlich von anderen Emotionen unterscheiden und durch eine spezifische körperliche Reaktion gekennzeichnet werden.

Die körperlichen Reaktionen bei Ekel werden durch olfaktorische und gustatorische Reize ausgelöst (Geruch und Geschmack) und sind gekennzeichnet durch eine bestimmte Bewegung der Lippen und rümpfen der Nase (vgl. Rizzolatti, Sinigaglia, 2014, S. 178).

Typische Gesichtsausdrücke der Basisemotionen:

Zorn:

Abb. 2.1.1

Abb. 2.1.2

Freude:

Abb. 2.1.3

Abb. 2.1.4

Furcht:

Abb. 2.1.5

Ekel:

Abb. 2.1.6

Auf den Abbildungen sind die typischen Gesichtsausdrücke für die vier hier aufgezählten Basisemotionen zu sehen.

Bei <u>Zorn</u> in Abb. 2.1.1 und 2.1.2 erkennt man gut die zusammengezogenen Augenbrauen, mit der gerunzelten Stirn und den kleingekniffenen Augen. Ob der Mund offen oder klein zusammengezogen ist, kommt darauf an, ob die zornige Person ihrer Wut lauthals Ausdruck verleiht, wie auf beiden Bildern, oder stillen Zorn ausübt.

Die Freude in Abb. 2.1.3 und 2.1.4 ist gekennzeichnet durch ein breites Lächeln, mit nach oben gezogenen Mundwinkeln und großen offenen Augen. Die Augenbrauen sind hochgezogen und stehen weit auseinander.

Die Furcht zeichnet sich im Gesicht durch starre Züge ab, indem nur die Augen eine vergrößerte Form annehmen und die restlichen Gesichtszüge keinerlei Regung zeigen. In Abb. 2.1.5 ist der charakteristisch leicht geöffnete Mund zu sehen, der aber auch geschlossen sein kann. Bei kleineren Kindern steigert sich Furcht meist in Weinen und kann durch zitternde Lippen und hängende Mundwinkel beobachtet werden.

Die Abbildung 2.1.6 zeigt typische Gesichtszüge für die Emotion Ekel. So ist die Nase gerümpft, die Stirn zusammengezogen und das Kinn leicht vorgestreckt. Auf dem Bild ist die zum Gaumendach hin gewölbte Zunge nicht zu erkennen, die, wie Paul Ekman beschreibt, wohl schon in Erwartung steht, eine Substanz aus der Mundhöhle auszuwerfen um den Körper zu schützen (vgl. Gerrig, Zimbardo, Psychologie, S. 456).

Der auf dem Gebiet der Gesichtsausdrücke führende Forscher Paul Ekman fand heraus, dass diese universellen Mimiken ein evolutionäres Erbgut der Menschheit sind. Durch verschiedene Studien zeigte er, dass bereits Säuglinge weltweit bestimmte Emotionen zeigen und erkennen können. Diese Gesichtsausdrücke sind angeboren und dienen der sozialen Kommunikation. Es gibt jedoch leichte kulturelle Unterschiede im Lesen der Mimik, da es in manchen Kulturen unüblich ist Emotionen offen zu zeigen und dadurch leichte Schwierigkeiten in der direkten Zuordnung des Ausdrucks zur Emotion auftreten können. Bei einer Studie mit einem analphabetisierten Fore-Stamm in Neu-Guinea zeigte sich, dass sie einen fast identischen Ausdruck für Überraschung und Furcht haben, da diese Personen sehr furchtsam sind, wenn sie eine Überraschung erleben (vgl. Gerrig, Zimbardo, Psychologie, S. 456).

2.2. Entstehung und Einflüsse

Emotionen erfüllen verschiedene Funktionen, diese können im motivationalen, sozialen oder kognitiven Bereich liegen. Doch vorab gilt es zu klären wie sie entstehen und was sie beeinflussen kann.

Gehirn

Die Lokalisation der Gefühlsentstehung und Empfindung liegt im menschlichen Gehirn, in einer Region die das limbische System einschließt. Das limbische System setzt sich zusammen aus Amygdala, Hippocampus und ein Teil des Thalamus, ihnen lässt sich keine Einzelfunktion zuordnen, sondern vielmehr ein wechselseitiges Zusammenspiel. *„Vielmehr übernehmen die Strukturen im limbischen System zahlreiche Aufgaben und spielen für Emotion, Motivation, Geruchswahrnehmung (Olfaktion), Verhalten und Gedächtnis eine wichtige Rolle"* (Campbell, 2009, S. 1448).

Aber auch sensorische Areale des Großhirns sind beteiligt, wenn es sich bei einem Gefühlsausdruck um beispielsweise Lachen oder Weinen handelt. Dann interagiert das limbische System mit den sensorischen Arealen des Großhirns. Für die überlebenswichtigen Emotionen, wie z.B. Nahrungs- oder Sexualtrieb, ist dieses Wechselverhältnis zwischen Strukturen im Vorderhirn und limbischen System zu beobachten (bei Probanden im fMRT nachgewiesen). Weiter schreibt Campbell, das die Amygdala (Mandelkern) als emotionales Gedächtnis gilt, da Situationen mit starken Emotionen in ihr abgespeichert werden und somit nicht explizit abrufbar sind, sondern nur wenn der emotionale Reiz erneut auftritt.

Gerrig beschreibt im Buch Psychologie die Vorgänge im Körper während einer Emotion. Das autonome Nervensystem bereitet durch Aktivierung des sympathischen und parasympathischen Nervensystems den Körper auf emotionale Reaktionen vor, wobei es auf die Intensität der Emotion ankommt, welcher Teil stärker aktiv wird. Bei leicht angenehmer Stimulation, der parasympathische und bei leicht unangenehmer Stimulation, der symphatische Teil. In Abb. 2.2.1 aus dem Buch Psychologie von Gerrig und Zimbardo, sind alle drei Systeme abgebildet.

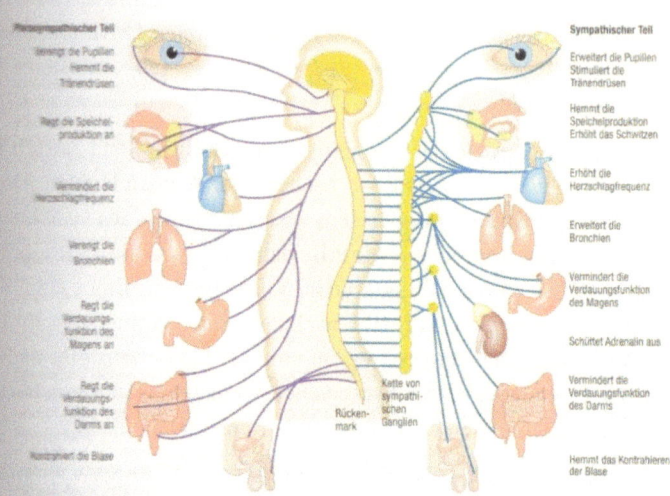

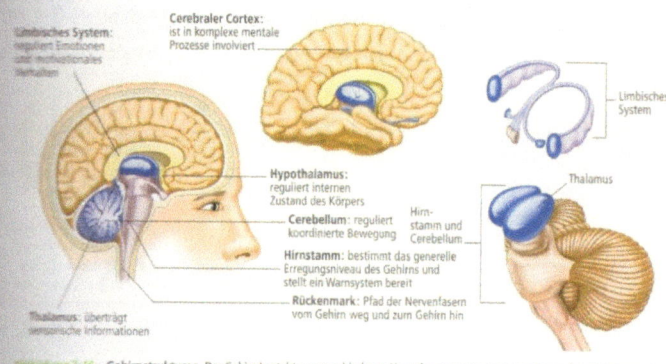

Abb. 2.2.1 (oben links: parasympathisches Nervensystem, oben rechts: sympathisches Nervensystem, unten: limbisches System)

Bei äußerst starken Emotionen, wie in Notfallsituationen wird der Körper auf eine schnelle Reaktion vorbereitet. Indem das sympathische Nervensystem die Ausschüttung der Hormone Adrenalin und Noradrenalin aus den Nebennieren anregt und diese wiederum die inneren Organe veranlassen Blutzucker abzugeben, den Blutdruck zu erhöhen, Schwitzen und Speichelproduktion anzuregen. Das parasympathische System hemmt nach der emotionalen Situation die weitere Ausschüttung der aktivierenden Hormone. Dennoch kann man durch den Restgehalt an Hormonen im Blut, nach der Situation immer noch leicht erregt sein, bis diese abgebaut sind (vgl. Gerrig,2008, S. 459).

Einflüsse

„Emotionen sind die Prüfsteine menschlicher Erfahrung. Sie bereichern unsere Interaktionen mit Mensch und Natur und verleihen unseren Erinnerungen Bedeutung." (Gerrig, Zimbardo, 2008, S. 454).

Erinnert man sich an bestimmte Situationen oder Personen, so ist diese Erinnerung immer mit einem Gefühl verbunden. Entstanden durch die Abspeicherung im Gehirn unter damals gefühlten Emotionen. Der Forscher Gordon Bower setzte sich als erster mit diesem Phänomen auseinander. Durch Untersuchungen mit seinen Studenten, stellte er fest, dass dieser Kontext von Situation und Emotion gleichbleibend im Gehirn abgespeichert und wieder abrufbar ist. *„Hinzu kommt, dass die Auslöser – also die Reize, die Emotionen verursachen- keineswegs biologisch vorprogrammiert sind, sondern völlig unabhängig passieren, keine zeitliche Konstanz aufweisen und darüber hinaus in ihrer Vielzahl unendlich sind."* (Huber, 2013, S. 63).

Es gibt also nicht die eine Situation oder den bestimmten Reiz, der bei allen Personen eine bestimmte Reaktion auslöst. Jedes Individuum reagiert anders und in seiner eigenen Intensität auf bestimmte Situationen. Doch wie entstehen die Emotionen in diesen Situationen?

Dass jede Emotion durch einen bestimmten Gesichtsausdruck gekennzeichnet ist, wurde schon in Kapitel 2.1 erklärt, aber Emotionen treten nicht nur in der Gesichtsmuskulatur zu Tage, sondern sie lösen mehrere körperliche Reaktionen aus (z.B. Schweiß, Herzklopfen, Temperaturanstieg). Diese physischen Reaktionen, sollen den Körper in Bereitschaft setzen, sich mit dem Auslöser der Emotion auseinander setzen zu können.

Das Zusammenspiel zwischen Emotion und Körper findet nicht nur im Gehirn statt. Das sympathische und das parasympathische Nervensystem durchlaufen den gesamten Körper und reagiert auf bestimmte Reize um den Körper in Ruhe- oder

Fluchtmodus zu versetzen. Das limbische System im Gehirn, ist der Sitz der Emotionsverarbeitung und dient unter anderem auch dem Langzeitgedächtnis für die Abspeicherung von Wissensinhalten und Situationen.

In dieser Hausarbeit wird ausschließlich auf die Entstehung von Ekel und Faszination eingegangen, da die Fülle an Informationen über alle Emotionen und Gefühle den Rahmen sprengen würden und für die anschließende Untersuchung nicht relevant sind.

<u>Was ist Ekel?</u>

Professor Paul Rozin von der Universität Pennsylvania definiert den Begriff folgendermaßen: *„ Disgust is a fear of incorporating an offending substance into once body." (Pinker,1999, S. 379)*. Ekel wird hauptsächlich durch Lebensmittel, Körperausscheidungen oder bestimmte Tiere hervorgerufen. Dies lässt sich durch Rozins Definition durchaus erklären, da die Angst seinem eigenen Körper Schaden zufügen zu können, meist durch verdorbene oder giftige Lebensmittel, gefährliche Tiere oder durch Ansteckung mit einer Krankheit durch Verunreinigung, eintreten kann. Diese Reaktion des Körpers kann soweit gehen, dass selbst Dinge die mit dem ekelerregenden Auslöser in Berührung kommen, für abstoßend angesehen werden.

„A disgusting objekt contaminates everything it touches, no matter how brief the contact, or how invisible the effects. (Pinker,1999, S. 380)"

Welche Lebensmittel oder Tiere dieses Empfinden verursachen, ist jedoch von Kultur zu Kultur und selbst innerhalb Familien unterschiedlich. Der Ekel vor Körperausscheidungen ist jedoch weltweit verbreitet und kann sich mehr oder weniger stark zeigen. Dieser begründet sich durch Angst vor Krankheiten, die durch eine Kontamination mit der Ausscheidung und dem eigenen Körper, eine Ansteckung verursachen könnte. Reize die eine Ekelreaktion auslösen, sind entweder haptisch, olfaktorisch oder gustatorisch wahrzunehmen.

<u>Wie entsteht Faszination?</u>

Faszination wird auch als euphorisches Interesse verstanden. Euphorie zählt zur Emotion Freude mit dazu und diese entsteht ebenfalls im limbischen System des Gehirns. Beim Empfinden von Freude ist das Belohnungssystem im Gehirn aktiv, dieses kann durch mehrere Faktoren beeinflusst werden. Der Sitz des Belohnungssystems ist im Mittelhirn, als Teil des limbischen Systems, man spricht auch vom mesolimbischen Belohnungssystem. Der Botenstoff des mesolimbischen Systems ist Dopamin. „*Das Belohnungssystem ist also aktiv, wenn eine Belohnung erwartet wird. Es ist aktiver, wenn eine Belohnung besser ist als erwartet. Durch das Belohnungssystem wird Lernen gefördert und das erlernte Verhalten verstärkt.*" *(Dehner-Rau, 2011, S. 52).* In welcher Form eine Belohnung als diese gewertet wird, ist wiederum abhängig von der Vorerfahrung einer Person. Ist es jemand gewohnt, für geringe Leistung z.b. immer einen Geldbetrag oder Anerkennung zu bekommen, so wird die Dopaminausschüttung bei einer Belohnung dieser Art geringer ausfallen, als bei einer Person für die, dies eine Ausnahme darstellt. Nicht nur materielle oder physische Bestätigung, regen die Dopaminproduktion an, sondern auch außergewöhnliche Situationen oder Überraschungen. Dies kann zum Beispiel ein Witz, eine Begegnung mit freundlichen Personen, ein Urlaub oder ein gutes Essen sein. Auch hier liegt die Prägung, was als positiv gewertet wird in der Vorerfahrung der einzelnen Personen. Anders als der Ekel, wirkt die Freude ansteckend auf anwesende Personen, daher zählen auch die Heiterkeit, Zufriedenheit, Glück, Liebe, Begeisterung bis hin zur Ekstase zur Freude dazu.

Die Funktionen von den hier behandelten Emotionen Ekel und Freude sind somit in allen drei Teilbereichen der Motivation, der Sozialisation und der Kognition wiederzufinden. Die Motivation einer Person liegt unter der starken Beeinflussung, ob die Aufgabe eine Belohnung verspricht und somit Freude auslöst. Ekel kann Eigenmotivation stark hemmen. Ebenso beeinflusst die Freude und der Ekel die Sozialisation, durch das jeweilige Empfinden gegenüber einer Person. Wirkt diese abstoßend wird die Interaktion wohl nicht länger als nötig ablaufen, im Gegensatz zum Treffen mit einer freundlich wirkenden Person, bei der die Freude ansteckend wirkt. Die Kognition unterliegt den Emotionen, da mit Hilfe des limbischen Systems, die im Langzeitgedächtnis abgespeicherten Informationen immer mit einem spezifischen Gefühlszustand gekoppelt sind. Beim Wiedererleben oder abrufen einer bestimmten Situation, wird die damals prägende Emotion wieder neu durchlebt.

2.3. Bisherige Forschungen zu Emotionen

In diesem Kapitel der Hausarbeit sind verschiedene Untersuchungen über das Wie und Wo Emotionen entstehen aufgelistet. Das Gebiet der expliziten Emotionsforschung ist relativ jung, auch wenn es schon erste Theorien zwischen Emotionen und Lernen bei Platon, Aristoteles, Pestalozzi, Rousseau und Herbert zu finden sind, so betreffen diese meist mehr den Einsatz von Emotionen im pädagogischen Umgang mit Schülern, als die Erforschung von Emotionen im Spezifischen.

Der erste bekannte Fall bei dem eine deutliche Persönlichkeitsänderung und Emotionslosigkeit festgestellt wurde, liegt gerade mal 165 Jahre zurück.

Lage der Emotionen im Gehirn

Im Jahr 1849 hatte der Bauarbeiter Phineas Gage einen Unfall, bei dem ein Stahlrohr seinen Schädel durchbohrte. Dabei wurden große Teile seines Frontallappens zerstört. Er überlebte, doch seine Persönlichkeit änderte sich stark. Campbell schreibt, er wurde emotional verschlossen, ungeduldig und launisch. Durch diesen Fall und weitere Untersuchungen in späteren Jahrzehnten, bei Patienten mit einer Lobotomie (Durchtrennung der Verbindung von präfrontalem Cortex und limbischen System), konnte festgestellt werden, dass bei Verletzungen in diesen Bereichen des Gehirns, Intellekt und Gedächtnis intakt bleiben, aber Entscheidungsfindung und emotionale Reaktionen stark beeinträchtigt werden (vgl. Campbell, 2009, S. 1449).

Emotion-Reiz-Theorien

Es gibt verschiedene Theorien in welchem Einklang Emotionen und Körper stehen. So vertritt die James-Lange-Theorie den Ansatz, dass wir fühlen nachdem der Körper auf einen Reiz reagiert hat. *„Nach dieser Theorie verursacht die Wahrnehmung eines Stimulus autonome Erregung und andere Körperreaktionen, die zum Erleben einer bestimmten Emotion führen."* (Gehrig, 2008, S. 460). Auch die Forschungen von Richard Lazarus und Stanley Schachter unterstützen die kognitive Theorie, dass der Körper eine erste Reaktion auf einen Reiz zeigt und dann vom Verstand einer Emotion zugeordnet zu werden, die der Situation angemessen ist. Lazarus geht noch einen Schritt weiter und sagt, dass diese kognitive Bewertung starken Umwelt- und Erfahrungswerten unterliegt, so dass ähnliche Situationen mit ähnlichen Gefühlen bewertet werden. Dem gegenüber steht die Cannon-Bard-Theorie, welche durch Untersuchungen an Versuchstieren herausfand, dass diese selbst nach einer operativen Durchtrennung des viszeralen Systems vom zentralen Nervensystem, immer noch Emotionen zeigten. Diese Theorie besagt, dass ein Stimulus zwei gleichzeitige Reaktionen hervorruft (körperlich und emotional), welche sich aber nicht gegenseitig bedingen

(vgl. Gerrig, 2008, S. 460-461).

Emotionen und Bewusstsein

Beschäftigt man sich mit dem Themengebiet Emotionen und Gefühle, stößt man in der Fachliteratur fast immer auf den Namen Antonio Damasio. Er ist Neurowissenschaftler und beschäftigt sich seit mindestens 25 Jahren mit diesem Gebiet.

Er ist der Erste, der eine ganzheitliche Theorie zu Emotion und Bewusstsein entwickelt hat. 2001 schrieb er das Buch Descartes- Irrtum und formulierte die These zu *Cognito ergo sum* von Descartes (*Ich denke also bin ich*) neu. Damasio widerspricht Descartes nicht direkt, aber verweist darauf hin, dass es mehrere Wechselverhältnisse zu beachten gibt, als nur das zwischen Gehirn und Körper um einen Menschen zu kennzeichnen. Gehirn und Körper bilden einen unauflöslichen Organismus und dieser, steht wiederum im Wechselverhältnis zur Umwelt und nur durch beide Wechselverhältnisse entstammen die physiologischen Phänomene die als Geist bezeichnet werden. Dieser Austausch mit der Umwelt sind Emotionen und Gefühle und heben uns so von der einfachen Homöostase (Reiz-Reaktion-Verhalten) von z.b. einer Amöbe ab (vgl. Huber, 2013, S. 57-58). Er verdeutlicht außerdem, dass es kein Gefühl ohne vorrangegangene Emotion gibt und nur so in unser Bewusstsein aufgenommen werden kann. Nur durch körperliche Reaktionen können diese drei Faktoren (Emotion, Gefühl, Bewusstsein) entstehen, sie sind auf körperliche Reaktionen angewiesen (vgl. Huber, 2013, S. 77).

Anthropologische Forschung

Noch jünger als die Emotionsforschung im Allgemeinen ist die spezifische Emotionsforschung. Hier soll nicht auf jede einzelne Emotion eingegangen werden, sondern nur auf den für diese Arbeit relevanten Ekel und die Faszination.

Wie schon unter 2.2 erklärt, ist Ekel fast ausschließlich bei Lebensmitteln, Körperausscheidungen und Tieren zu finden. Die als nächstes aufgeführten Studien haben sich vor allem mit diesen Aspekten befasst.

Paul Rozin untersuchte in den letzten 25 Jahren, das Essverhalten von Menschen. Er entdeckte, dass es nur wenige Ausnahmen an Lebensmitteln gibt, die weltweit nicht als ekelerregend angesehen werden. Er stellte die Hypothese auf, dass das Essverhalten sich bei Kindern im Alter ab ca. elf Jahren (middle school age) festlegt. In diesem Alter schauen Kinder sich ihr Verhalten bei ihren Eltern ab und lernen so, was gut und was schlecht schmeckt und was man nicht essen sollte, da es einen eventuell krank macht. Das Empfinden von Ekel würde ebenfalls durch das gespiegelte Verhalten der Eltern erlernt werden, wenn diese ein betreffendes Objekt sehen.

Dieser Hypothese wiederspricht die Anthropologin Elisabeth Cashdan, die an der Universität Utah doziert und sich unter anderem mit dem menschlichen Verhalten im Laufe der Evolution befasst. Sie schreibt, dass die ersten zwei Jahre prägend für den späteren Geschmack eines Menschen sind, da nach dem dritten Geburtstag sich der Geschmack deutlich vermindert und bis in das Erwachsenenalter relativ gleich bleibend ist. Somit ist es sinnvoll den Kleinkindern eine möglichst abwechslungsreiche Ernährung anzubieten um sie später nicht zu Kostverächtern heran zu ziehen.

Steven Pinker, der in seinem Buch How the mind works, beide oben genannten Forscher und ihre Werke beschreibt, ist einer ähnlichen Auffassung wie Cashdan. Er widerspricht Rozin, da Kinder ab dem Krabbelalter ihre Eltern imitieren und nicht erst mit elf Jahren. Er entdeckte nur einen leichten Unterschied in der Ekelempfindung zwischen Kindern und Erwachsenen, der darin liegt, dass Erwachsene nicht mit „kontaminierten" Objekten in Kontakt treten wollen, es aber Kindern nichts ausmacht diese zu berühren oder zu essen. Sein Beispiel war ein Getränk in dem vorher ein Grashüpfer getaucht wurde. Die Erwachsenen wollten nichts davon trinken, den Kindern war es egal (vgl. Pinker, 1999,S. 381).

Gesundheitserziehung

Bei der Auflistung von bisherigen Untersuchungen, sollte in diesem Rahmen die Arbeit von Antonovsky nicht fehlen. Er prägte den Begriff Salutogenese als Gegenstück zur bisher bekannten Pathogenese. Die Salutogenese beschäftigt sich damit, was einen Menschen gesund erhält, dagegen steht die Pathogenese für alles was einen krank machen kann. Für die Gesundheitsbildung in der Schulpraxis sind die Theorien zur Salutogenese äußerst wichtig und werden hauptsächlich im humanbiologischen Unterricht eingesetzt um Präventionsmöglichkeiten und einen gesunden Lebensstil den Schülern nahe zu bringen. Für das Verstehen des eigenen Körpers ist es unumgänglich sich mit der Anatomie auseinander zusetzen (vgl. Huber, 2009,S. 85).

Freude am Lernen

Schlägt man im Duden das Wort Faszination nach, bekommt man die Erläuterung: *„anziehende, fesselnde Wirkung; bezaubernde Ausstrahlung, Anziehungskraft"* *(Duden online, 17.08.2014).* Da Faszination zu den Gefühlen, welche aus Emotionen entstehen (siehe 2.1), zählt, gibt es keine relevante Forschung speziell zu ihr. Die positiven Emotionen die jedoch Faszination begründen, sind wie auch der Ekel, durch Vorerfahrungen und Situationsgebundenheit geprägt. Zur Emotion Freude gibt es aber Studien, von denen eine einen speziellen Bezug zum Lernen herstellt.

Csikszentmihalyi beschreibt in seinem Buch „Flow. Das Geheimnis des Glücks (2003)", den spezifischen Gefühls- und Verhaltenszustand, der erreicht wird, wenn man völlig in einer Aufgabe aufgeht. Typisch für ein Flow-Empfinden (dt. fliesen) ist das Vergessen von Zeit und Raum während der fesselnden Aufgabe.

Man verspürt kein Zeitempfinden mehr und registriert nicht was um einen herum geschieht. Es ist ein völliges Aufgehen in einer faszinierenden Aufgabe, die den gesamten Fokus der Person erhält.

Daraus lässt sich schließen, dass das Lernen, welches mit Motivation und Gedächtnisleistung verbunden ist, auch im Wechselverhältnis zu Emotionen steht. Diese Emotionen sind wiederum stark geprägt durch das Lernen am meist elterlichen Model in der frühen Kindheit. Welcher Auslöser für Ekel oder Faszination gilt, ist von Individuum zu Individuum verschieden und können durch Vorerfahrungen in bestimmten ähnlichen Situationen wieder erlebt werden. Für eine umfangreiche Gesundheitserziehung in der Schule, hat das Fach Biologie den größten Stellenwert, da hier humanbiologische Lerninhalte unterrichtet werden. Um den menschlichen Körper verstehen zu können, muss die Anatomie gelehrt werden. Inwieweit diese Unterrichtsmethode gestaltet wird, ist in den Abschnitten 3.1 und 3.2 beschrieben.

3. Unterrichtsmethoden

3.1 Sozial- und Arbeitsformen

Es gibt verschiedene Sozial- und Arbeitsformen um die Lerninhalte von humanbiologischen Unterrichtseinheiten zu vermitteln. Die Auswahl der jeweiligen Form unterliegt der Lehrperson und ist abhängig von unterschiedlichen Aspekten. So kann die Auswahl, durch Zeitmanagement, Stand der Klasse, Budgetbeträge, vorhandene Materialien und natürlich der persönlichen Vorliebe der Lehrperson für eine bestimmte Arbeitsweise beeinflusst werden. Wurden bereits positive Lernerfahrungen mit einer bestimmten Sozial- oder Arbeitsform gemacht, ist die Wahrscheinlichkeit groß, dass sie wieder angewendet wird.

Es gibt verschiedene Sozialformen, wie eine Unterrichtsstunde gestaltet werden kann. So schreibt Staeck (1995, S. 235): „ *(...) die Konfrontation der Schüler mit denselben biologischen Frage- und Problemstellungen in unterschiedlichen Sozialformen ablaufen kann, wobei der Begriff Sozialformen in diesem Zusammenhang die Verteilung der Aktivitäten von Lehrer und Schülern sowie der Schüler untereinander meint* ". Zu diesen Sozialformen gehören der Frontalunterricht, die Einzelarbeit und die Partner- oder Gruppenarbeit.

Frontalunterricht: Unter dem Begriff Frontalunterricht wird meist der Lehrervortrag verstanden, der sich als erklärende und aufzeigende Person vor der Klasse dem Thema widmet. Aber auch ein dialogisch fragend- entwickelnder Unterricht kann frontal stattfinden, wenn der Lehrer das Klassengespräch anleitet und zu einem bestimmten Ziel führt.

Einzelarbeit: Die Einzelarbeit wird durch eine Aufgabenstellung vorgegeben. Diese kann über ein Arbeitsblatt, eine Buchaufgabe oder eine frontale Anweisung erfolgen. Die Ergebnisse müssen wiederum überprüft werden, was entweder durch den Lehrer oder den Schüler in Eigenverantwortung geschehen kann.

Partner- oder Gruppenarbeit: Auch die Partnerarbeit erfordert eine Aufgabenstellung. Diese kann wie bei der Einzelarbeit auch, durch ein Arbeitsblatt, das Lehrbuch oder den Lehrer geschehen. Eine Ergebnisüberprüfung ist durch Selbst- oder Fremdüberprüfung möglich. Bei der Partner- oder Gruppenarbeit ist die Lautstärke im Klassenzimmer lauter, als bei Frontalunterricht oder Einzelarbeit. Bei der Gruppenarbeit empfiehlt sich eine Gruppengröße von nicht mehr als vier Personen, da sonst nicht mehr gewährleistet ist, dass sich alle Schüler einer Gruppe aktiv beteiligen.

Laut Staeck (1995, S.307) gibt dabei die Sozialform an, in welcher Organisationsform die Interaktionen ablaufen sollen.

Ist die Auswahl einer Sozialform für die Unterrichtsgestaltung entschieden worden, muss noch die geeignete Arbeitsform für die Erkenntnisgewinnung ausgesucht werden. Es stehen auch hierfür wieder verschiedene Arbeitsformen zur Auswahl. Da, in dieser Hausarbeit, das Thema humanbiologische Lerninhalte, durch das Lernen am Modell ist, wurden nur die Methoden ausgewählt die sich dafür eignen. Es wird nicht näher auf die Arbeitsform Praktikum, Exkursion oder Kurs eingegangen, da diese relativ untypisch für die Arbeitsform Sezieren und humanbiologische Lerninhalte sind. Zur Auswahl für humanbiologische Lerninhalte stehen die folgenden Arbeitsformen zur Verfügung: Das Arbeitsblatt, das Tafelbild oder der Overheadprojektor, das realgetreue Modell, das Buch oder das Sezieren.

Arbeitsblatt: Ein Arbeitsblatt sollte immer eine Frage- oder Problemstellung beinhalten, die es mit Hilfe der Angabe des Buches oder anderen, den Schülern zugänglichen Quellen, zu lösen gilt. Ein Arbeitsblatt wird meist in Einzel- oder Partnerarbeit gelöst. Die Gestaltung obliegt dem Lehrer. Anatomische Darstellungen sind zweidimensional und können zusätzliche Beschriftungen, sowie nachlesbare Erläuterungen beinhalten. Ein Arbeitsblatt bietet den Schülern eine dauerhafte Informationsquelle zum Nachlesen der Lerninhalte. Es kann auch zur Überprüfung von bereits gewonnenen Lerninhalten dienen.

Tafelbild oder Overheadprojektor: Anhand eines gutstrukturierten Tafelbildes können durch die Lehrperson bestimmte Wissensinhalte dargestellt werden. Entweder spricht das Tafelbild für sich oder es Bedarf einer Erläuterung. Das Tafelbild wird vom Lehrer entworfen und kann durch Schülerbeiträge ergänzt werden. Es bedarf aber einer Übertragung in das Arbeitsheft der Schüler um einen dauerhaften Nachweis für die Schüler zu erhalten. Folien für den Overheadprojektor können von bestimmten Verlagen vorgefertigt sein oder in Eigenarbeit vom Lehrer entworfen werden. Entweder sind sie ähnlich aufgebaut wie Arbeitsblätter oder sie beinhalten nur eine bestimmte Abbildung zur Demonstration. Auch hier ist für eine Festigung der Lerninhalte eine Übertragung der Aufschriebe oder Abbildungen von Vorteil. Die Darstellungen sind zweidimensional und können vergrößert präsentiert werden. Eine Interaktion mit der Lehrperson findet in diesem Fall, durch Frontalunterricht statt.

Realgetreues Modell: Für die genauere Betrachtung von anatomischen Zusammenhängen gibt es diverse Modelle aus Plastik oder Kunststoff. Auch selbstgebaute Modelle können die Funktionen des menschlichen Körpers veranschaulichen. Sie können vorgefertigt sein oder in Eigenleistung der Schüler gebaut werden. Dies geschieht meist in Partner- oder Gruppenarbeit. Bei der Betrachtung eines Modells können die verschiedenen Funktionen und Zusammenhänge in dreidimensionaler Optik dargestellt und erkundet werden. Die Herstellung eines Modells ermöglicht es sich schrittweise in die verschiedenen Bestandteile eines biologischen Sachverhaltes ein zu denken. Dies kann zu einer Vertiefung der Lerninhalte führen.

Buch: Das Lernen aus einem Buch ist nur in Einzel- oder Partnerarbeit sinnvoll. Die vorgegebenen Abbildungen sind immer zweidimensional und bedürfen bei Fragen, einer Erläuterung durch den Lehrer. Aufgabenstellungen sind im Unterricht oder als Hausaufgabe zu lösen, wobei die Antworten im dazugehörigen Text des Buches zu finden sein müssen. Es gibt auch die Möglichkeit eine Aufgabenstellung durch die Lehrperson zu erhalten und die Lösung in anderen, nicht für den Unterricht gestalteten Schulbüchern, also Fachbüchern zu suchen. Eine Sicherung der Ergebnisse muss durch die Lehrperson geschehen. Dies kann im Plenum, durch Einzelüberprüfung der Leistungen oder durch Selbstüberprüfung der Schüler mit bereitgestellten Lösungsblättern erfolgen.

Sezieren: Um den Schülern beim Sezieren eine gewisse Erkenntnisgewinnung zu gewährleisten, ist eine problemorientierte Aufgabenstellung notwendig. Vorab müssen Hygiene- und Unfallvorschriften erläutert werden. Das Sezieren im Unterricht findet ausschließlich an tierischen Organen statt und ist eine zeitintensive Arbeitsform.

Für das Lernen von anatomischen Zusammenhängen und Begriffen ist jede dieser Arbeitsformen denkbar. In dieser Arbeit liegt der Schwerpunkt jedoch auf dem Sezieren. Auffällig ist, dass in keinem der drei Biologiedidaktikbüchern (Staeck, Auer, Spörhase), welche an der Pädagogischen Hochschule Heidelberg eingesetzt werden, ein Abschnitt über das Sezieren als Arbeitsform zu finden ist. Dies lässt darauf schließen, dass diese Arbeitsform in der Anwendung an Schulen nicht sehr weit verbreitet zu sein scheint und als neue Unterrichtsmethode anzusehen ist.

3.2 Vor- und Nachteile der jeweiligen Methode

Für die Auswahl einer bestimmten Arbeitsform zur Unterrichtsgestaltung, müssen die Vor- und Nachteile jeweils abgewogen werden. Diese können, je nach Thematik die im Unterricht behandelt werden soll, variieren. In dieser Hausarbeit werden die Vor- und Nachteile explizit am Thema Anatomie analysiert. Es können auch mehrere Arbeitsformen kombiniert werden, um eine gelungene Unterrichtseinheit zu gestalten.

Arbeitsblatt

Vorteile: Ein hoher Anteil an vorgefertigten Abbildungen und Skizzen zeichnet das Arbeitsblatt aus, so ist dieses zu jedem Zeitpunkt für die Schüler zum Nachlesen der erwünschten Informationen parat und in ihrem eigenen Lernmaterialbestand enthalten. Dies ermöglicht es ihnen, auch zu Hause Wissen aufzubereiten. Arbeitsblätter lassen sich schnell in großer Anzahl durch kopieren vervielfachen und bieten eine große Zeitersparnis, da in der Regel nur Lückentexte auszufüllen oder Einzelwörter durch die Schüler einzutragen sind. Dies ermöglicht eine schnelle Überprüfung der Ergebnisse. Auer (2009, S. 180) schreibt: *„Die didaktische Funktion von Arbeitsblättern geht aber über die Sicherung hinaus und umfasst zusätzlich Information, Übung und Lernerfolgskontrolle."* So können beim Thema Anatomie spezielle Abbildungen von Organen integriert und hervorgehoben werden. Spezielle Sachtexte können zur Informationsquelle werden und Beschriftungspfeile zum Beispiel eingefügt sein, die zur Überprüfung des Gelernten ergänzt werden müssen.

Nachteile: Die starke Reduzierung auf einfache Arbeitsweisen wie Ankreuzen, Unterstreichen und Ausfüllen, kann laut Auer auch negativ gewertet werden, da es die Individualität und Kreativität der Schüler hemmt und das Erlernen von anderen Arbeitsweisen zu kurz kommen lässt.

Tafelbild oder Overheadprojektor

Vorteile: Der Tafeleinsatz im Unterricht erweist sich in einigen Punkten als vorteilhaft im Vergleich zum Overheadprojektor. Das Abdunkeln des Raumes, die Stromversorgung und die längere Vorbereitungszeit fallen weg (außer es handelt sich um aufwendige Skizzen). Schüler können an der Gestaltung des Tafelbildes mitwirken. Generell entsteht ein Tafelbild über die gesamte Unterrichtsspanne und ist somit individuell an alle jeweiligen Fragen anpassbar. Probleme können Schritt-für-Schritt erklärt und gelöst werden. In der Regel sind zwei aufklappbare Seitentafeln vorhanden, auf denen z.B. weitere Erläuterungen oder Aufgabenstellungen angebracht werden können. Die meisten Tafeln sind magnetisch, dadurch können beschriebene Karten oder Modele aus Karton angebracht werden.

Auch der Overheadprojektor bietet viele Vorteile. So ist die Darstellungsgröße als auch die Helligkeitsstufe, je nach Bedarf verstellbar. In *Biologieunterricht heute* von Auer (vgl. 2009, S. 176) heißt es, dass sich die Lehrperson durch die Projektion einer Aufgabenstellung an die Wand einen besseren Rundumblick während der Erarbeitungsphase über die Klasse verschaffen kann. Es wird keine lange Vorbereitungszeit für die Erstellung der Folien benötigt und diese sind nach Belieben oft einsetzbar, sofern es sich um permanente Overheadfolien handelt. Die Schüler können für alle Klassenkameraden sichtbar und eigenständig Lösungen oder Ergänzungen eintragen. Durch die Reduzierung auf einen Aspekt oder ein Organ ist eine genauere und definierte Beobachtung und Erklärung möglich.

Nachteile: Die Tafel dient zur allgemeinen zweidimensionalen Darstellung für die eine leserliche Handschrift und klar erkennbare Zeichnungen benötigt werden. Damit der Tafelanschrieb für die Schüler als eine, permanente, nachlesbare Wissensquelle gilt, müssen die neugewonnenen Erkenntnisse in das Schülerheft genau übertragen werden. Dies bedarf eventuell einer weiteren zeitlichen Überprüfung durch die Lehrperson. Außerdem befindet sich die Lehrperson während der Erstellung des Tafelbildes überwiegend mit dem Rücken der Klasse zugewandt.

Der Inhalt der Overheadfolie muss ebenfalls in das Heft übertragen werden. Damit eine Übersichtlichkeit gewährleistet ist, sollte der inhaltliche Stoff auf ein Minimum, wie bei einem Arbeitsblatt, reduziert werden. Längere Erläuterungen sind für einen Abschrieb zeitlich im Unterricht nicht umsetzbar.

Beide Varianten bieten für die Schüler keine haptischen oder olfaktorischen Eindrücke, durch das zu betrachtende Organ. Hier werden Funktionen und Zusammenhänge auf das Wesentliche reduziert und nur schematisch dargestellt. Nur selten werden bei der Folie reale Aufnahmen eines Organs gezeigt.

Realgetreues Modell

Vorteile: Bei einem realgetreuen Modell ist es möglich das zu betrachtende Organ vergrößert oder verkleinert darzustellen. Es ist dreidimensional und bietet somit eine präzise Darstellung für das Verständnis. Auch die Funktionsweise von Organen kann modellhaft dargestellt werden, um so für die Schüler eine Überleitung zu bereits bekanntem Wissen aus dem Alltag zu gewährleisten. Auch die eigenständige Herstellung eines Modells während der Unterrichtseinheit durch die Schüler selbst ist eine mögliche Option und bietet daher eine schrittweise Erkenntnisgewinnung.

Nachteile: Organmodelle aus dem Handel sind teuer und nicht für alle Organe und in allen Schulen verfügbar. Für die Selbstherstellung ist ein nicht geringer Zeitaufwand nötig. Dies kann durch die Lehrperson in Heimarbeit geschehen oder durch die Schüler im Unterricht. Wenn eine Unterrichtsstunde für den Modellbau genutzt wird, bleibt keine Zeit mehr für weitere Erklärungen von Funktionen oder ähnlichem.

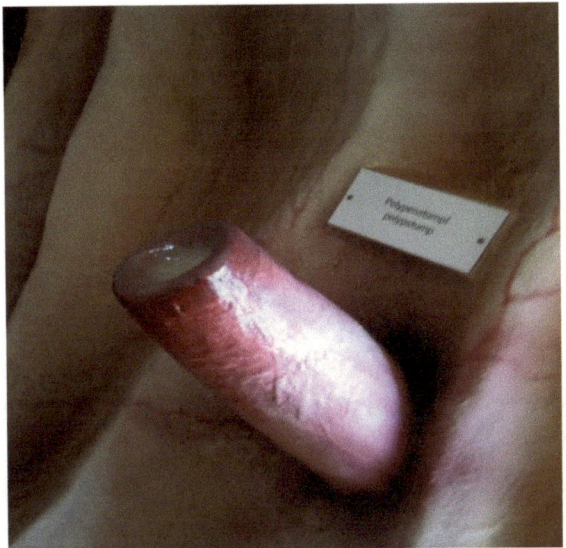

Abb. 3.2.3 Realgetreues Model

In der Abbildung ist ein Polypenstumpf im Dünndarm zu sehen. Das Originalmodell stand zur Ausstellung in der Innenstadt von Schwäbisch Hall durch die Deutsche Darmkrebsforschungsgesellschaft (2011) und hatte eine Größe von zwei Metern Höhe und sechs Metern Länge. Die Passanten konnten somit durch einen vergrößerten aus Kunststoff bestehenden Dünndarmabschnitt in Röhrenform spazieren und mehrere krankhafte Wucherungen des Dünndarms besichtigen. Die eindrucksvolle Größe des Modells war verlockend für Passanten sich genauer über das Thema Darmkrebs zu informieren. Es ist denkbar für den Unterricht bei Vereinen oder Organisationen, die solche riesigen Modelle besitzen, für eine Besichtigung eine Anfrage zu stellen.

Buch

Vorteile: Ein Schulbuch beinhaltet laut Auer (vgl. 2009, S.178) jahrgangsstufengemäße Sachtexte, die auch zum Wiederholen und Nachschlagen geeignet sind, sowie reichhaltiges Anschauungsmaterial in Form von Abbildungen, Schemata und Skizzen. Ebenso sind zahlreiche Aufgaben, Anleitungen, Vorschläge zum praktischen Arbeiten im Freiland vorhanden und Zusammenfassungen der grundlegenden Begriffe und Erkenntnisse. Die Schüler einer Klasse besitzen in der Regel ein einheitliches Schulbuch, welches sie in jeder Stunde dabei haben. Es kann beliebig oft eingesetzt werden und eignet sich auch gut für die Hausaufgabenstellung. Die Lehrperson muss sich nur die gewünschten Aufgaben aussuchen ohne persönlichen Aufwand zu betreiben. Ein Schulbuch ist dem Lehrplan angepasst und bietet eine lernzielumfassende Nachschlagequelle. Die Aufgaben sind so gestellt, dass im dazugehörigen Text die Antwort zu finden sein muss.

Nachteile: Die Texte und Abbildungen sind vorgegeben und können nicht ausgetauscht werden. Das Buch ist meist nur in Einzelarbeit einsetzbar. Gelöste Aufgaben müssen im Plenum oder durch Einzelansicht kontrolliert werden. Die Aufgabenlösung erfordert kaum kreative oder kognitive Eigenleistung, da es sich meist um Abschreibarbeit handelt. Transferierende Aufgaben müssen durch die Lehrperson meistens ergänzt werden. Ob die Erläuterungen im Fließtext eines Buches, von allen Schülern verstanden worden sind, muss extra abgefragt werden.

Sezieren

Vorteile: Beim Sezieren gelangen die Schüler in direkten Kontakt mit den zu untersuchenden Organen und sehen diese in ihrer jeweiligen anatomischen Lage. Es ist eine Erfahrung die fast alle Sinne der Schüler beansprucht und dadurch eine bessere Merkfähigkeit gewährleistet. Durch den Einsatz von tierischen Organen kann Transferverstehen zur Anatomie von Säugetieren im Allgemeinen gebildet werden. Es dient der Erkenntnisgewinnung von Aufbau, Form und Funktion der Organe und wird meist in Partner- oder Gruppenarbeit durchgeführt, was den Dialog über die Untersuchung und den Austausch an Wissen fördert.

Nachteile: Die zu untersuchenden Organe müssen beschafft, gelagert und wieder entsorgt werden. Dies erfordert eine gute Organisation. Eine einführende Hygieneaufklärung für die Schüler ist unerlässlich. Eine Sicherung der Ergebnisse muss extra durchgeführt werden. Haben Schüler Ekel vor dieser Methode ist ein Lernerfolg fraglich. Auch sollten die Schüler vorab gefragt werden, ob eine Allergie gegenüber bestimmten Tierarten vorliegt.

4. Hypothesen

Es handelt sich hierbei um eine experimentelle und keine Einzelfallstudie und es gilt mehrere Hypothesen zu überprüfen und es geht nicht darum eine schon bestehende Theorie zu bestätigen. Daher wurde die deduktive Vorgehensweise gewählt, bei der die Hypothesen einen Ausgangspunkt darstellen, den es, durch ausgewählte Fragen die in einem Zusammenhang zur Ausgangsfragestellung stehen, zu überprüfen gilt. Bei einer induktiven Vorgehensweise wären die Hypothesen das Resultat einer Studie.

Im Sozialwissenschaftlichen Handbuch von Bortz und Döring heißt es:

„Ob eine Untersuchung primär zur Erkundung oder zur Überprüfung einer Hypothese durchgeführt wird, richtet sich nach dem Wissensstand im jeweils zu erforschenden Problemfeld. Bereits vorhandene Kenntnisse oder einschlägige Theorien, die die Ableitung einer Hypothese zulassen, erfordern eine hypothesenprüfende Untersuchung. Betritt man mit einer Fragestellung hingegen wissenschaftliches Neuland, sind zunächst Untersuchungen hilfreich, die die Formulierung neuer Hypothesen erleichtern" (1995, S.30).

Es wird hierbei nicht, wie bei Bortz und Döring beschrieben, wissenschaftliches Neuland betreten, da schon mehrere Studien zum Thema Ekel in biologischen Unterrichtsmethoden durchgeführt wurden (siehe Abschnitt 2.3 und 4.2 in dieser Arbeit). Daher ist die Auswahl der Hypothesen den Resultaten vorangegangen.

Über die Bereitschaft, tierische Organe in humanbiologischen Lerninhalten zu integrieren, können verschiedene Theorien aufgestellt werden. In dieser Arbeit gilt es fünf davon zu überprüfen. Sie wurden aus allgemeinen Annahmen und der Auswahl der Fragen für diese Hausarbeit konzipiert. So ist es interessant herauszufinden inwieweit Vegetarismus einen Einfluss auf das Empfinden beim Sezieren ausübt, eine Abneigung vor Fisch in Korrelation zu einer Abneigung gegen tierische Präparate steht und ob alle befragten Biologiestudenten bereit sind mit Organen im Original zu arbeiten. Es handelt sich demnach um eine deduktive Untersuchung, in der es zu überprüfen gilt, ob die angenommenen Hypothesen stimmig sind und damit den Ausgangspunkt und nicht das Resultat der Fallstudie darstellen.

Um eine Korrelation zwischen Vegetarismus und Ekel im Allgemeinen auffinden zu können, sind folgende zwei Hypothesen erstellt worden:

1. Vegetarier neigen dazu Ekel gegenüber tierischen Präparaten zu haben.

2. Vegetarier neigen dazu den Umgang mit originalen tierischen Organen im Lernprozess zu vermeiden.

Um eine Korrelation zwischen den befragten Biologiestudenten und ihrer Faszination für tierische Organe herauszufinden, wurden diese Hypothesen auf gestellt:

3. Biologiestudenten sind vom Sezieren fasziniert.
4. Für Biologiestudenten gibt es keinen Ekel bei tierischen Präparaten.

Um auszuschließen, dass sich die Forellenfragen mit dem generellen Ekel eines Probanden korrelieren, soll folgende Hypothese überprüft werden:

5. Wer sich vor Fischgeruch ekelt, empfindet keine Faszination für das Sezieren.

4.1 Zu erwartende Ergebnisse aufgrund der Hypothesen

Bei der ersten Hypothese: „Vegetarier neigen dazu Ekel gegenüber tierischen Präparaten zu haben", ist zu erwarten, dass sich die befragten Vegetarier zu den spezifischen Fragen, die das Sezieren betreffen negativ äußern. Vegetarier essen aus verschiedenen Gründen kein Fleisch. Das Verhalten kann aus Ablehnung gegenüber der Fleischindustrie, dem Töten von Tieren, einer Lebensmittelunverträglichkeit oder familiärer Disposition entstanden sein. All dies sind starke Argumente dem Fleischkonsum ablehnend gegenüber zu stehen. Es ist jedoch fraglich, ob ein Vegetarier schon den Anblick von rohem Fleisch, tierischen Organen oder totem Fisch ekelerregend findet. Vielleicht nicht direkt dem Objekt gegenüber, sondern der Tat, dass dafür ein Tier sterben musste. Möglich ist aber auch, dass ein Vegetarier, obwohl er Fleisch aus seinem Speiseplan gestrichen hat, die Faszination für den Aufbau eines Organs empfinden kann.

Die zweite Hypothese: „Vegetarier neigen dazu den Umgang mit originalen tierischen Organen im Lernprozess zu vermeiden", ähnelt der ersten Hypothese durch den generellen Umgang mit tierischen Organen, befasst sich aber mit der freiwilligen Wahl der Unterrichtsmethode. So stellt sich auch hier die Frage, ob Vegetarier durch ihre gewählte Lebensweise eine generelle Abneigung gegenüber tierischem Fleisch empfinden und den Umgang damit so weit es geht meiden wollen. Es wird davon ausgegangen, dass ein Vegetarier, der sich gegen das Sezieren in der Umfrage äußert, auch bei den Fragen zum Einsatz im regulären Schulunterricht dieselbe Meinung vertreten wird. Es ist zu bezweifeln, dass ein Mensch, der selbst Ekel gegenüber einer Methode empfindet, diese dann freiwillig in seine

Unterrichtsgestaltung aufnehmen wird. Bei der Frage ob Sezieren für Schüler zumutbar sei, wird dies wahrscheinlich deutlich werden.

Hypothese Nummer drei: „Biologiestudenten sind vom Sezieren fasziniert", befasst sich mit der inneren Einstellung der befragten Biologiestudenten zum Thema Sezieren. Ein Student, der Fachrichtung Biologie sollte an biologischen Abläufen, Zusammenhängen und Funktionen interessiert sein. Dazu gehören unter anderem, die Anatomie und der Vergleich mit dem Aufbau tierischer Organe. Denn um den menschlichen Körper und seine Funktionen besser verstehen zu können, ist es wichtig, sich verschiedene Organe von anderen Säugetieren anzuschauen. Bei diesen Organen handelt es sich um gesundheitlich unbedenkliches Material. Es ist zu erwarten, dass die meisten befragten Biologiestudenten, eine Begeisterung für das Sezieren zeigen, unter dem Aspekt, dadurch mehr verstehen und lernen zu können.

Bei der vierten Hypothese: „Für Biologiestudenten gibt es keinen Ekel bei tierischen Präparaten", soll die Differenziertheit von Ekel genauer betrachtet werden. Daher ist eine gestaffelte Begeisterung für das Sezieren zu erwarten. Eine Unterscheidung könnte sein, dass eine Person Ekel gegenüber dem Geruch von Fisch empfindet, es ihr aber nichts ausmacht Blut zu sehen oder ein Herz zu sezieren. Die erwartete Menge an Probanden, die bei bestimmten Einflüssen des Sezierens, diese können Düfte, Aussehen, Struktur oder Wiedererkennungswert der einzelnen Organe sein, Ekel empfinden, wird sehr gering geschätzt. Der typische Fischgeruch, der Verwesungsgeruch, das einzelne Auge oder Herz, weil es leicht an seiner Form für Laien wieder zu erkennen ist, oder der Schleim der einige Organe umgibt, sind nachzuvollziehende Begründungen für Ekel. Darüber hinaus können persönliche Erfahrungen zu abgeneigten Empfindungen führen.

Bei der fünften und letzten Hypothese: „Wer sich vor Fischgeruch ekelt, empfindet keine Faszination für das Sezieren", ist eine Widerlegung zu erwarten. Da in den vorangegangenen Hypothesen schon das Augenmerk auf eine Abstufung beim Empfinden von Ekel erwartet wird, kann diese, als Absolutem gestellte Hypothese, bei den meisten Studenten nur verneint werden kann. Denn nicht jeder Student, der sich vor Fischgeruch ekelt, empfindet auch Ekel gegenüber Organen anderer Tiere, die anders riechen und aussehen.

4.2 Bisherige spezifische Forschungen zu Ekel

Über Ekel im Zusammenhang mit biologischen Unterrichtsthematiken sind bereits einige wissenschaftliche Studien durchgeführt worden. Jede Studie behandelt einen eigenen Scherpunkt.

„Ekeltiere" verstehen und schützen

So hat sich Frau Carolin Retzlaff-Fürst von der Universität Rostock mit dem Thema Ekel bei Schülern, wenn sie bestimmte Tiere sehen, befasst. In dieser Forschung geht es vor allem darum, wie die emotionale Bindung an ein Tier, Schüler beeinflusst, das dazu gehörende Ökosystem verstehen und schützen zu wollen. In ihrem Artikel *von Kellerasseln und Rehaugen* schreibt sie: *„(...) Nicht nur was gut aussieht, ist auch ökologisch gut, und was optisch nicht gefällt, ist oft ökologisch wertvoll und besonders schützenswert. (..)"*. Ein Hauptproblem für die Biologiedidaktik ist es diesen Ekel bei Schülern abzubauen und sie schrittweise an die unliebsamen Tiere heranzuführen. Frau Retzlaff-Fürst bezieht sich dabei auf die psychologischen Forschungen zum Thema Lernen, um Möglichkeiten zu finden, dass Gebiet der Umweltbildung bei Schülern effektiver für alle Tierarten interessanter zu gestalten. *„ – denn offensichtlich liegt eben in der emotional positiv wahrgenommenen Schönheit ein starker Anreiz zum Lernen und Handeln (..)"*.

Ihre vorgeschlagenen Methoden, um die Ekeltiere faszinierender für die Schüler im Unterricht zu zeigen, sind distanzierte Erläuterungen und künstlerisch-ästhetische Darstellungen. Die distanzierten Erläuterungen finden theoretisch statt, dabei sollen bestimmte Eigenschaften und Merkmale von biologischen Objekten mit allen Sinnen erfasst werden, ohne darin einzugreifen. Dieses genaue Darstellen von bestimmten Einzelheiten, soll die Faszination und das Verständnis für die Tiere wecken, schreibt Frau Retzlaff-Fürst weiter, und künstlerisch-ästhetisches Beobachten von bestimmten Teilen und Phänomenen in einer fantasievollen Widergabe erzeugen ein homogenes Ganzes, was zum Staunen und weiteren Erforschen anregt. In ihrem Artikel *Was Kunst in der Biologie sieht* geht sie auf den künstlerisch- ästhetischen Lernaspekt genauer ein. *„ Die Bedeutung einer positiven Gefühlslage in Verbindung mit der sinnlichen Wahrnehmung beim Beobachten und Untersuchen von Naturphänomenen ist für das Lernen enorm bedeutsam,(...)"* Als Arbeitsform im Unterrichts nennt sie dafür das Beobachten von bestimmten Strukturen oder Organismen unter dem Auflichtmikroskop. *„(.) Auflichtmikroskop lässt beispielsweise ungeahnte Strukturen, Farben, Musterungen und Symmetrien hervortreten und regt so zum Staunen und weiteren Erforschen an und fördert die für das Lernen so wichtige positive Einstellung dem Untersuchungsobjekt gegenüber."*

Ästhetisches Empfinden bei Unterschiedlicher Perspektive von Ekeltieren

In ihrer Studie über mit vierjährigen Probanden zeigte Frau Retzlaff-Fürst, dass das ästhetische Empfinden für einen Schüler für ein Bild von einem Tier beeinflussbar ist, indem man die Perspektive ändert. So stellte sich heraus, dass die Kinder es weniger hässlich finden nur Ausschnitte einer Schnecke zu sehen, als die ganze Schnecke auf einem Bild (vgl. Creepy Crawlies, S.319).

Beeinflussung des Empfindens im Unterricht

In einer weiteren durchgeführten Studie mit zwei sechsten Klassen über die Beeinflussung des ästhetischen Empfindens zu einer Hausspinne fand Frau Retzlaff-Fürst heraus, dass es durchaus möglich ist, das Empfinden leicht beeinflussen zu können. So wurde beiden Klassen ein Eingangstest, vor vier Unterrichtseinheiten über die Hausspinne und ein Ausgangstest in der letzten Stunde, vorgelegt. Im Korrelationsvergleich stellte sie fest, dass in beiden Klassen jeweils neun Schüler ihr Werturteil revidiert hatten. Nicht bei allen Schülern zum Positiven hin, aber bei den Meisten. Eine Klasse bekam ausschließlich Abbildungen der Hausspinne zu sehen und die andere Klasse Spinnen im Original. Es wurde außerdem festgestellt, dass die „Abbildungsklasse" im Vergleich zur „Lebende-Tiere-Klasse" besser im Bereich Entwicklung von Kenntnissen abgeschnitten hatten. Dies führt Frau Retzlaff-Fürst darauf zurück, dass diese Klasse bereits ein breiteres Vorwissen gezeigt hatte und es leichter ist die Beine einer Spinne auf einer Abbildung zu zählen, als am lebenden „zappeligen" Tier (vgl. Hui oder Pfui? S. 299). Sie schreibt weiterhin, dass über den Unterschied beim Erkenntnisgewinn zwischen Abbildung und Original noch keine ausreichenden Studien veröffentlicht wurden und daher auf diesen Aspekt kein Schwerpunk gelegt werden kann. Es ist jedoch ersichtlich, dass eine Veränderung der persönlichen Einstellung von Schülern zu „hässlich" empfundenen Tieren durchaus möglich ist, wenn diese künstlerisch-ästhetisch und durch distanzierte Erläuterungen den Schülern nahe gebracht werden.

Beeinflussung des Lernens (von Studenten) durch Ekel bei einer Forellensezierung

Mit dem Einfluss von Ekel und Angst auf die Motivation von Probanden, befasste sich die Studie von Christoph Randler, Peter Wüst-Ackermann, Christian Vollmer und Eberhard Hummel. Diese Studie umfasst eine Prä- und Posttest bei einer durchzuführenden Forellensezierung. Die Probanden sind Studenten an der Hochschule Heidelberg. In ihrem Artikel „The relationship between disgust, state-anxiety and motivation during a dissection task" schreiben sie auf Seite 423 als abschließende Diskussion:

"Similarly with the pre-/post evaluation based on disgust and anxiety, we showed that disgust and state-anxiety were lower after the dissection. Therefore, we propose that it might be better to reduce disgust by encountering dissections instead of avoiding these activities, e.g., by using alternatives such as videos or simulations."

Beeinflussung der intrinsischen Motivation durch Ekel und des Geschlechts (bei Schülern) bei einer Schweineherzsezierung

Ebenfalls mit einer Sezierung (Schweineherz) und Ekel, befasste sich eine andere Studie an der Universität Göttingen, durchgeführt von Nina Holstermann, Dietmar Grube und Susanne Bögeholz. Die Probanden waren Schüler im Alter von 12 – 14 Jahren und wurden in ebenfalls in einem Prä- und Posttest befragt. Die Studie untersuchte den Zusammenhang von Ekel und intrinsischer Motivation und Selbstvertrauen bei einer Sezierung. Ihre Anfangs aufgestellte Hypothese, dass Schüler mit Ekelgefühlen eine geringere intrinsische Motivation und Selbstvertrauen in das Bewältigen der Sezierung haben, als Mitschüler die keinen Ekel empfinden, ist durch die Studie belegt worden. Aber sie schreiben dazu außerdem:

"We found that during the dissection the level of disgust was relatively low while the level of interest was high." (Holstermann, 2012, S.191)

Außerdem wurde untersucht, inwieweit das Geschlecht der Probanden einen Einfluss auf das Interesse am zu sezierenden Objekt hat. Es konnte aber kein nennenswerter Unterschied zwischen den männlichen und weiblichen Probanden festgestellt werden.

Beeinflussung der Einstellung zu unliebsamen Tieren

Christoph Randler, Eberhard Hummel und Pavol Prokop untersuchten in drei unterschiedlichen Gruppen von Schülern, ob ihre persönliche Einstellung zu drei als unliebsam geltenden Tieren (Assel, Schnecke und Maus) verändert werden kann, wenn sie im Unterricht direkten Kontakt mit ihnen haben. Zwei der drei Gruppen erlebten die Tiere hautnah. Die Kontrollgruppe hatte keinen Kontakt zu ihnen. Es zeigte sich in den Prä- und Posttests, dass der Umgang mit den lebenden Tieren, eine erfolgreiche positive Beeinflussung der Einstellung der Schüler erbracht hat. Auch hier wurde untersucht ob das Geschlecht der Probanden eine Rolle spielt und konnte nicht nachgewiesen werden.

Zu den genannten Studien lässt sich sagen, dass es durchaus mehr durchgeführte Studien im Zusammenhang zwischen Ekel und Motivation oder Ekel und biologischen Lernaspekten gibt und hier nur ein paar ausgewählte aufgeführt sind, die für diese Arbeit in Betracht kommen. Es lässt sich erkennen, dass bestimmte Aspekte in mehreren Studien gleich sind und ähnliche Ergebnisse erzielen. So zum Beispiel, dass das Geschlecht eines Probanden keinen Einfluss auf die intrinsische Motivation bei einer Sezierung hat und dass es den persönlichen Ekel mildern kann, wenn das zu betrachtende Objekt auf mehrere unterschiedliche Arten im Unterricht eingeführt wird.

5. Umfrage

5.1 Auswahl der Fragen

Für die Fallstudie wurde die Zusammenstellung der Fragen unter verschiedenen Gesichtspunkten ausgeführt. Es sollte überprüft werden, ob die Probanden generell Ekel oder Faszination gegenüber tierischen Organen empfinden. Darüber hinaus sollte geklärt werden, ob ihre Einstellung dazu, den Einsatz in künftigen Unterrichtseinheiten beeinflusst. Schließlich soll geklärt werden, ob sie eventuell Vegetarier sind und dies auch einen Einfluss auf ihre Einstellung gegenüber dem Sezieren ausübt.

Um diese Aspekte zu überprüfen und eine Sicherung zu gewährleisten, wurden mehrere Fragen zu den jeweiligen Punkten ausgewählt. Die Fragen sind als Aussagen dargestellt, bei denen die Probanden ihre persönliche Wertung betreffend abgeben konnten. Diese Wertung erfolgte durch Ankreuzen der Zahlen eins bis acht, hinter jeder Aussage. Wobei die Zahl eins für „ stimmt vollkommen" bis zur Zahl acht „ stimmt überhaupt nicht", stehen. Somit konnte der für den jeweiligen Probanden eigene Gefühlsstand ermittelt werden.

<u>Zur Einheit Ekel im Allgemeinen wurden folgende Fragen formuliert:</u>

- *Es macht mir nichts aus eine Forelle anzufassen.*
- *Es macht mir nichts aus ein Herz eines Säugetieres zu sezieren.*
- *Wenn mir eine ganze Forelle mit Kopf und Augen im Restaurant serviert wird, könnte ich nicht davon essen.*
- *Es macht mir nichts aus ein tierisches Auge zu sezieren.*
- *Das Gefühl, ein sauberes Organ (ohne Blut und Schleim) anzufassen, macht mir nichts aus.*
- *Ich habe kein Problem damit, Blut zu sehen.*
- *Ich finde den Einsatz von Organen von Tieren im Unterricht ekelerregend.*
- *Ich finde den Einsatz von eindeutig (für Schüler) zu erkennenden Organen im Unterricht ekelerregend. (z.B. Auge)*
- *Ich würde wahrscheinlich während des Sezierens von Organen den Raum verlassen.*
- *Während einer Forellensezierung würde ich wahrscheinlich einen Nasenclip verwenden, um den Geruch zu meiden.*
- *Während einer Sezierung tierischer Organe würde ich wahrscheinlich einen Nasenclip verwenden, um den Geruch zu meiden.*
- *Der Schleim einer Forelle ekelt mich an.*

Zur genauen Differenzierung, lassen sich diese Fragen noch weiter untersuchen, auf Ekel vor Geruch, Schleim, Blut, Fisch und Organen im Allgemeinen.

Der Einsatz in künftigen Unterrichtseinheiten wird durch diese Fragen überprüft:

- *Ich finde am Originalorgan zu lernen besser, als rein theoretisches Arbeiten.*
- *Ich finde es für Schüler zumutbar, Organe zu zeigen und zu sezieren.*

Als letztes kam die Auswahl der Fragen zum Vegetarismus hinzu:

- *Ich esse niemals Fleisch.*
- *Ich bin Vegetarier/in.*

Insgesamt ergab dies eine Gesamtzahl an 17 Fragen. Die Probanden konnten bei jeder Frage innerhalb einer Skala von eins bis acht auswählen.

Die Validität der Fragen wurde bereits in anderen Studien überprüft. So sind die Fragen, welche sich mit dem Thema Forelle befassen, der Studie „The relationship between disgust, state-anxiety and motivation during a dissection task" von den Professoren Christoph Randler, Peter Wüst-Ackermann, Christian Vollmer und Eberhard Hummel entnommen. Im Original lauten sie wie folgt:

- If I would get served a whole trout (including head and eyes) in a restaurant, I would not be able to eat a thing.
- Trouts are disgusting
- I would not mind touching a trout.
- I would rather leave the room when we dissect a trout.
- The trout's mucus nauseates me.
- During trout dissection, I would rather use a nose clip to avoid the smell.

Diese Studie ist ebenfalls an der pädagogischen Hochschule Heidelberg durchgeführt worden. In der Diskussion auf Seite 4 des Artikels *„The relationship between disgust, state-anxiety and motivation during a dissection task"* in der Zeitschrift *Learning and Individual Differences 22* (2012) heißt es:

„The study adds to our understanding because it shows the significant influence of disgust, as specific state and trait measures, on motivation during a dissection task in University biology students. Such dissections are still common and widespread in school and University despite the broad discussion about alternatives. To our knowledge the relationship between disgust, motivation and anxiety has

never been addressed in an educational setting using a pre-/post evaluation. (...) The benefit of our study is that we were controlling for the setting of the lessons, and, thus are able to relate the disgust ratings directly to the dissection of the trout (state disgust). This is advantageous compared with trait survey studies that are more or less retrospective. (...) Hypothese results underline the important influence of disgust on interest as a facet of motivation."

Eine Übersetzung, durch die Verfasserin dieser Hausarbeit lautet wie folgt:

„Die Studie ergänzt unsere Auffassung, da sie den signifikanten Einfluss von Ekel, als spezifische Eigenschaft und individuelle Unterschiede, in der Motivation von Biologie-Studenten während einer Sezier-Aufgabe, aufzeigt. Sezieren ist in Schulen und Universitäten, trotz der umfassenden Diskussionen über Alternativen, noch immer üblich und weit verbreitet. Unserem Wissen nach wurde die Beziehung zwischen Ekel, Motivation und Furcht bisher in noch keinem bildenden Rahmen, in dem vorab und im Anschluss evaluiert wurde, angesprochen. (...) Der Vorteil unserer Studie ist, dass wir die Rahmenbedingungen unserer Unterrichtsstunden kontrolliert haben und somit in der Lage sind, die Einstufung von Ekel direkt mit dem Sezieren der Forelle in Verbindung zu setzen. Dies ist vorteilhaft verglichen mit Studien, die mehr oder weniger rückblickend sind. (...) Diese Ergebnisse unterstreichen den wichtigen Einfluss von Ekel auf das Interesse als ein Aspekt von Motivation."

Die genannte Studie befasst sich ebenfalls mit dem Einfluss von Ekel auf die Motivation bei Personen, die eine Sezierung durchführen sollen und fällt damit in den abzufragenden Bereich dieser Hausarbeit. Daher sind die speziell auf den Fisch Forelle bezogenen Fragen eins zu eins übernommen um heraus finden zu können, ob eine Abneigung gegen Fisch auch einen signifikanten Einfluss auf die Motivation der Studierenden hat.

Die weiteren Fragen sind teilweise den Evaluationsbögen von Frau Prof. Lissy Jäkel entnommen, die jedes Semester in den Humanbiologieseminaren eingesetzt werden. Die Fragen zu Ekel vor Organen im Allgemeinen gehen aus den Fragen der oben genannten Forellenstudie hervor und sind entstanden, indem Einzelwörter ersetzt wurden.

5.2 Probanden

Bei der Auswahl der Probanden gab es verschiedene Möglichkeiten. Es wäre denkbar gewesen eine Gruppe von Schülern zu befragen. Hier hätte eine Überprüfung über den Einsatz von tierischen Organen in ihrem bisherigen Biologieunterricht erfolgen können, um herauszufinden, wie hoch sie den Spaß- bzw. Ekelfaktor empfunden haben und welcher Lernerfolg damit erzielt wurde.

Auch eine Befragung bei praktizierenden Biologielehrern wäre denkbar gewesen. In dieser Gruppe wäre der Schwerpunkt auf der Auswahl der Präparate und die Häufigkeit des Einsatzes gefallen. Dies ist abhängig davon, ob die Lehrperson Zugang zu frischen Präparaten in ausreichender Menge hat, also ob ein Metzger oder Schlachthof in der Nähe ist, der bereit ist tierische Präparate zur Verfügung zu stellen. Auch der Kostenfaktor spielt eine Rolle, sofern die Lehrperson die Organe selbst bezahlen muss. Die Preishöhe und die Anzahl der benötigten Organe sind hier wichtig. Für die Unterrichtsplanung ist auch ein Zeitfenster zu beachten. Die geplante Sezierstunde sollte so in eine Unterrichtseinheit integriert werden können, damit auch noch genügend Zeit für den restlichen Unterrichtsstoff zur Verfügung steht.

Die dritte Variante ist die Auswahl der Lehramtsstudenten. Auf diese Gruppe ist in dieser Arbeit die Wahl gefallen. Mehrere Gründe haben diese Entscheidung beeinflusst. Die meisten Studierenden sind noch nicht lange aus dem aktuellen Schulgeschehen ausgetreten und bereiten sich selbst mental auf eigene Unterrichtsmethoden vor. Außerdem sind sie motiviert an einer Umfrage teilzunehmen, sowohl persönlich als auch zeitlich.

Die befragten Probanden haben das Seminar Humanbiologie an der Pädagogischen Hochschule Heidelberg im Sommersemester 2014 bei Frau Dr. Lissy Jäkel besucht. Die Teilnehmer aus zwei zeitlich separat stattfindenden Seminaren wurden befragt und in Gruppe 1 und Gruppe 2 zusammengefasst. In dieser Arbeit sind die beiden Gruppen getrennt im Anhang zu finden. Da es für das Ergebnis keinen Einfluss hat, zwei separate Gruppen zu betrachten, sind alle Ergebnisse in den Tabellen der Auswertung zusammengefasst worden.

Gruppe 1 besteht aus 21 Studenten. Davon studieren 17 Grundschullehramt, zwei Sekundarstufe, einer die Studienordnung Grund-, Haupt- und Werkrealschullehramt und ein Masterstudent.

Gruppe 2 besteht aus 35 Studenten, von denen elf Sozialpädagogik und 22 Sekundarstufe studieren. Auch in dieser Gruppe gibt es einen Masterstudenten. Ein Student hat keine Angabe zum Lehramt gemacht.

Die Gesamtanzahl der befragten Studenten beträgt somit 56 Personen.

6. Durchführung

Die Probanden wurden, mit Hilfe eines anonymen Fragebogens, am Ende der ersten Seminarstunde befragt. Sie befanden sich in zwei zeitlich getrennten Gruppen. Die Befragung fand im selben Raum statt. Die Teilnahme an der Befragung erfolgte auf freiwilliger Basis. Die Möglichkeit die Bögen einzeln in einem separaten Raum oder mit Sichtschutz auszufüllen bestand nicht. Für das Ausfüllen stand keine zeitliche Begrenzung fest und erfolgte nach persönlicher Einschätzung.

6.1 Fragebogen

Umfragebogen für Studierende „Sezieren"

Sie sind weiblich ☒ oder männlich ☐   Code:

Sie studieren Lehramt: GS 11

Sie studieren im 4 Semester

Die ersten beiden Buchstaben des Vornamens Ihrer Mutter: AN
Die ersten beiden Buchstaben des Vornamens Ihres Vaters: PE
Monat und Jahr Ihrer Geburt: 12 / 81

Bitte umkreisen Sie die für Sie zutreffende Zahl von 1 (stimmt genau) bis 8 (stimmt nicht)!

Es macht mir nichts aus, eine Forelle anzufassen.	**1** 2 3 4 5 6 7 8
Es macht mir nichts aus, ein Herz eines Säugetieres zu sezieren.	**1** 2 3 4 5 6 7 8
Wenn mir eine ganze Forelle mit Kopf und Augen im Restaurant serviert wird, könnte ich nichts davon essen.	1 2 3 4 5 6 7 **8**
Es macht mir nichts aus, ein tierisches Auge zu sezieren.	**1** 2 3 4 5 6 7 8
Das Gefühl, ein sauberes Organ (ohne Blut und Schleim) anzufassen, macht mir nichts aus.	**1** 2 3 4 5 6 7 8
Ich habe kein Problem damit, Blut zu sehen.	**1** 2 3 4 5 6 7 8
Ich esse niemals Fleisch.	1 2 3 4 5 6 7 **8**
Ich finde den Einsatz von Organen von Tieren im Unterricht ekelerregend.	1 2 3 4 5 6 7 **8**
Ich finde den Einsatz von eindeutig (für Schüler) zu erkennenden Organen im Unterricht ekelerregend. (z. B. Auge)	1 2 3 4 5 6 7 **8**
Ich würde wahrscheinlich während des Sezierens von Organen den Raum verlassen.	1 2 3 4 5 6 7 **8**
Ich finde es faszinierend, Organe im Original zu betrachten.	1 **2** 3 4 5 6 7 8
Ich finde am Originalorgan zu lernen besser, als rein theoretisches Arbeiten.	**1** 2 3 4 5 6 7 8
Während einer Forellensezierung würde ich wahrscheinlich einen Nasenclip verwenden, um den Geruch zu meiden.	1 2 3 4 5 6 7 **8**
Ich finde es für Schüler zumutbar, Organe zu zeigen und zu sezieren.	1 **2** 3 4 5 6 7 8
Ich bin Vegetarier/in.	1 2 3 4 5 6 7 **8**
Während einer Sezierung tierischer Organe würde ich wahrscheinlich einen Nasenclip verwenden, um den Geruch zu meiden.	1 2 3 4 5 6 7 **8**
Der Schleim einer Forelle ekelt mich an.	1 2 **3** 4 5 6 7 8

Vielen Dank für Ihre Mitarbeit!

Der Fragebogen enthält die Zuordnung der Einzelprobanden durch Geschlecht, studiertes Lehramt mit Semesterzahl, verschlüsseltem Code und die 17 ausgewählten Fragen. Das abgebildete Beispiel ist ein Original aus der Testreihe, da keine Namen verwendet wurden, bleiben die Probanden anonym.

6.2 Datenerhebung

Es gibt außer dem angewandten Fragebogen noch weitere Alternativen die aufgestellten Hypothesen zu überprüfen.

Zunächst wird die Art der Befragung geklärt. Es stellt sich die Frage, ob eine mündliche oder schriftliche Durchführung der Umfrage ausgewählt wird. Die mündliche Befragung eignet sich gut für spezifische, ausformulierte und im Einzelgespräch gewonnene Antworten. Bei einer Gruppenbefragung sind nur einfache Antworten wie durch Handzeichen oder Ja- oder Nein-Stimmen auswertbar. Das Einzelgespräch wäre für die Befragung der eigenen Einordnung in einer Gefühlsskala vorteilhaft. Dies hätte aber einen größeren Zeitaufwand für die Freiwilligen bedeutet und damit mit einer wahrscheinlich geringeren Anzahl an Probanden stattgefunden. Mündlich gegebene Antworten sind viel differenzierter und eignen sich mehr für einen Paarvergleich, dieser wird immer paarweise unter den einzelnen Probanden durchgeführt. Da ein Gesamtvergleich und kein Paarvergleich, unter den Probanden angestrebt wird, wird hier auf die mündliche Befragung verzichtet.

Auch die Auswahl Multiple Choice Fragen zu verwenden wurde verworfen, da dies, überwiegend der Überprüfung von Wissensinhalten dienen, als der eigenen Zuordnung der Gefühlslage in bestimmten Situationen. Eine Onlinebefragung hätte die Möglichkeit einer größeren Anzahl an Probanden eventuell gewährleistet, aber durch den Aspekt der freiwilligen Teilnahme, hätte auch das Gegenteil eintreten können, so dass weniger als die Gesamtzahl der befragten zwei Gruppen daran teilgenommen hätten. Um eine aussagekräftige Studie durchführen zu können, die sich hauptsächlich mit angehenden Biologielehrern befasst, wird die Befragung unter Studierenden durchgeführt, die im Sommersemester 2014 das Seminar Humanbiologie belegen.

Nach der Auswahl der Befragungsmethode muss eine geeignete Skalierung gefunden werden. Um eine differenzierte Angabe der eigenen Gefühlslage gegenüber den aufgestellten Fragepunkten zu erlangen, wird die Einteilung in Antwortzahlen von eins bis acht gewählt (Likert-Skala) und nicht die Variante mit nur zwei Möglichkeiten ja / nein oder stimmt / stimmt nicht. Man hätte auch die Unfolding- Taktik anwenden können, in der die Probanden zunächst angeben, ob die

Frage auf sie zutrifft oder nicht und dann anschließend ausdifferenziert in wieweit sie die Antwort abstufen möchten. Die Unfolding Taktik ist aber bei einer schriftlichen Umfrage schwer umsetzbar, da eine solche Vielzahl an Antwortmöglichkeiten schwer auf einem Blatt Papier vorgegeben werden kann und eignet sich mehr für eine Onlinebefragung mit verschiedenen Fenstern. (vgl. Bortz, Döring, 1995)

Für die Auswertung der Fragebögen wurde Microsoft Excel verwendet. Es ermöglicht eine Unterteilung der Aussagen auf mehreren Fenstern mit den jeweiligen Diagrammen und ist trotzdem überschaubar.

7. Ergebnisse

In der tabellarischen und schriftlichen Auswertung wurden die Aussagen von beiden befragten Gruppen zusammengefasst, da ein Vergleich zwischen den Gruppen, für diese Arbeit nicht relevant ist. Die Einzelwerte der Gruppen sind im Anhang zu finden.

Unter 7.1 geben die Diagramme einen Ausschluss darüber, welche Antwortzahlen von den einzelnen Probanden angekreuzt wurden. Die Tabellen zeigen die Gesamtsummer der gewählten Antwortzahlen und ihren prozentualen Anteil. Die Summe wurde auf zwei Stellen nach dem Komma gerundet, daher kann es zu einer prozentualen Verschiebung von + / - 2 % in den Ergebnissen kommen.

Es sollte noch einmal erwähnt werden, dass die Antwortzahl eins für „ stimmt vollkommen" und die acht für „stimmt überhaupt nicht" stehen.

7.1 Tabellarische Auswertung

Bei der statistischen Auswertung wurden die Prozentwerte auf zwei Stellen nach dem Komma gerundet, dies ergibt eine Rundungsdifferenz von + / - 2 %.

Für jede Frage wurde eine Tabelle mit den prozentualen Anteilen im Vergleich zur Gesamtsumme berechnet und jeweils drei Diagramme.Die Diagramme geben Ausschluss darüber, welcher Proband sich wie geäußert hat, die Häufigkeit der Zahlennennung und den prozentualen Anteil an der Gesamtsumme.

Frage 1: Es macht mir nichts aus eine Forelle anzufassen.

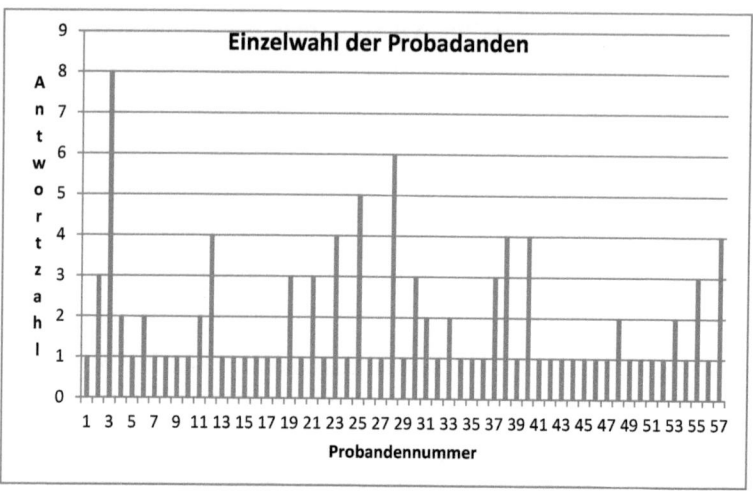

Abb. 6.1.1.1

Diagramm über die gewählten Antworten der einzelnen Probanden

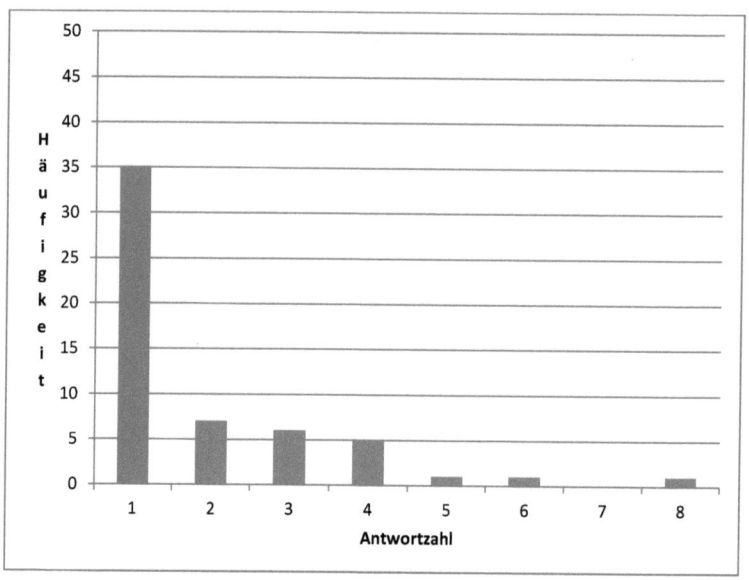

Abb. 6.1.1.2

Diagramm über die Häufigkeit der gewählten Antworten

Tabelle über den prozentualen Anteil der gegebenen Antworten bei Frage 1:

Angekreuzte Nummer	1	2	3	4	5	6	7	8
∑	36/56 = 0,63	7/56 = 0,13	6/56 = 0,11	5/56 = 0,09	1/56 = 0,02	1/56 = 0,02	0/56 = 0	1/56 = 0,02
%	63	13	11	9	2	2	0	2

Abb. 6.1.1.3

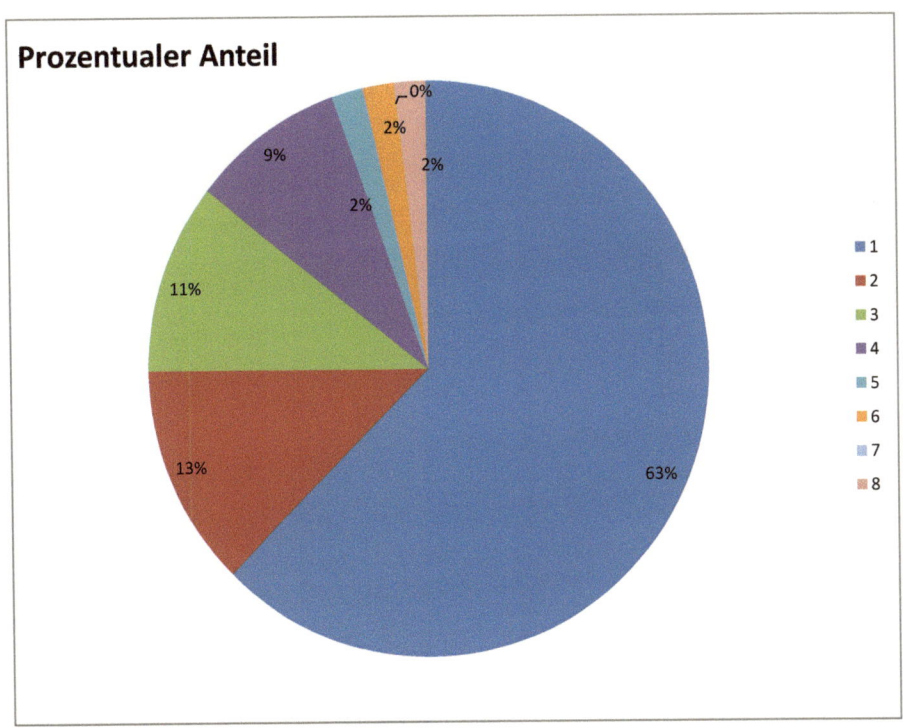

Abb. 6.1.1.4

Diagramm über die Prozentuale Verteilung der Antworten

Frage 2: Es macht mir nichts aus ein Herz eines Säugetieres zu sezieren.

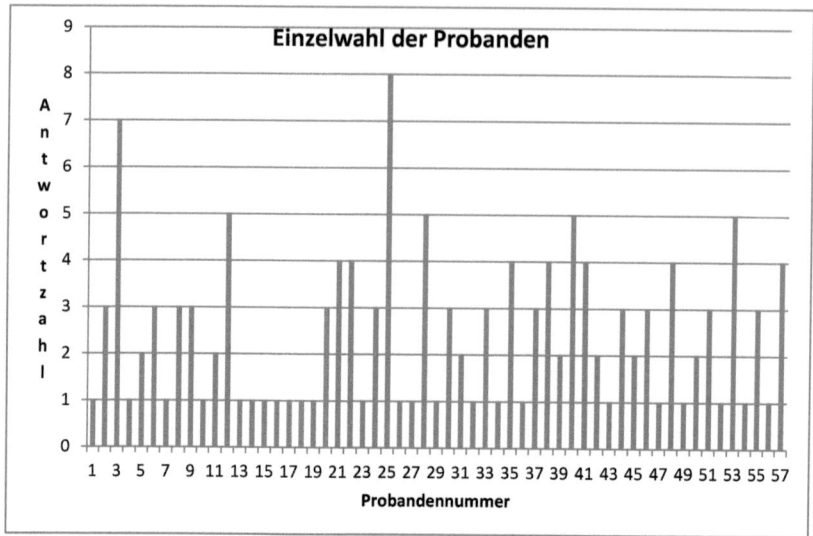

Abb. 6.1.2.1
Diagramm über die gewählten Antworten der einzelnen Probanden

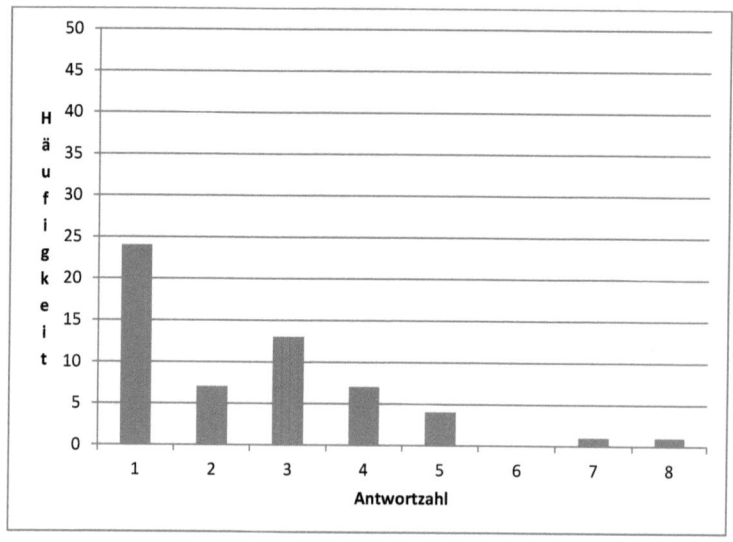

Abb. 6.1.2.2
Diagramm über die Häufigkeit der gewählten Antworten

Tabelle über den prozentualen Anteil der gegebenen Antworten bei Frage 2:

Angekreuzte Nummer	1	2	3	4	5	6	7	8
Σ	24 /56 = 0,42	7 / 56 = 0,12	13 /56 = 0,23	6 / 56 = 0,12	4 / 56 = 0,07	0 /56 = 0	1 / 56 = 0,02	1 / 56 = 0,02
%	42	12	23	12	7	0	2	2

Abb. 6.1.2.3

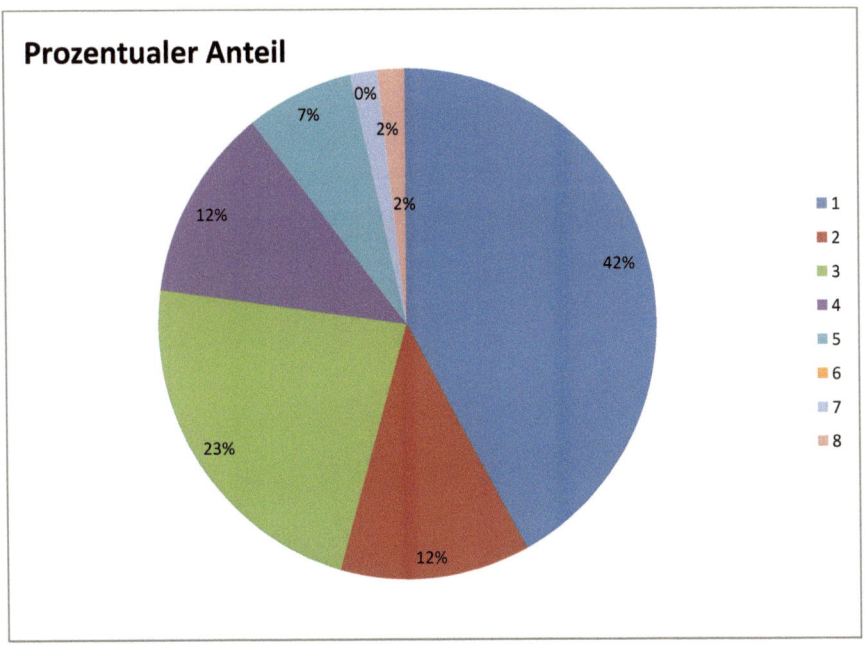

Abb. 6.1.2.4

Diagramm über die Prozentuale Verteilung der Antworten

Frage 3: Wenn mir eine ganze Forelle mit Kopf und Augen im Restaurant serviert wird, könnte ich nicht davon essen.

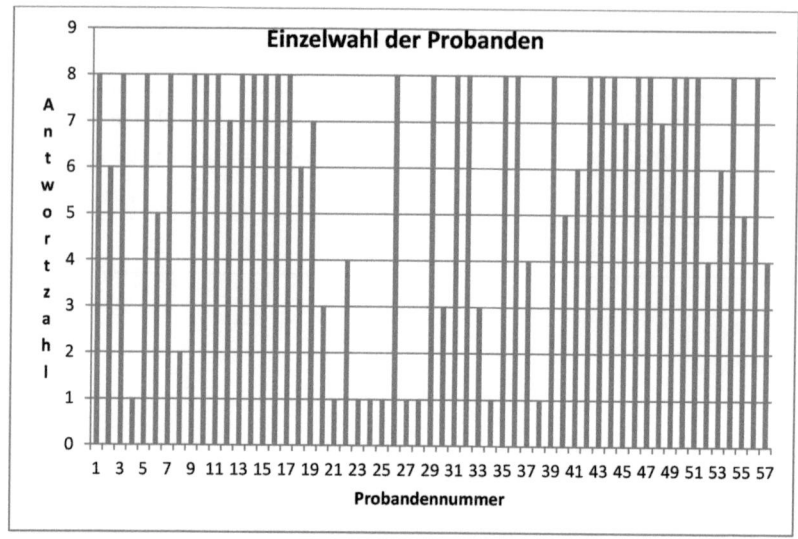

Abb. 6.1.3.1

Diagramm über die gewählten Antworten der einzelnen Probanden

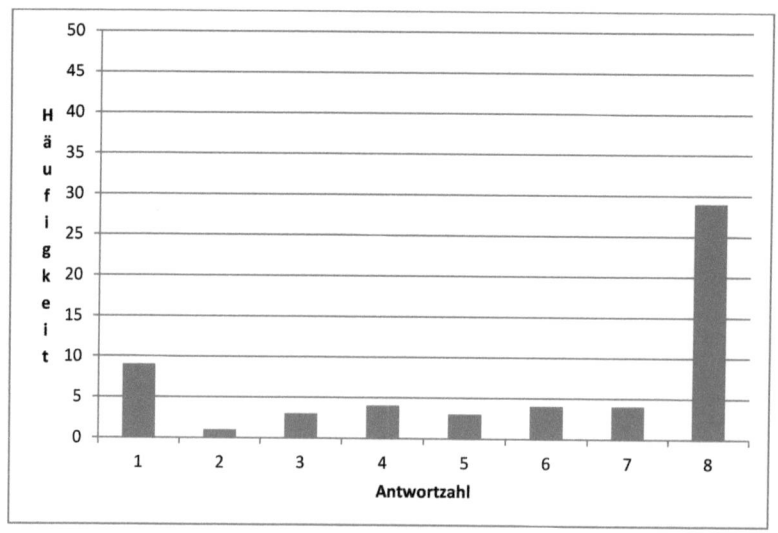

Abb. 6.1.3.2

Diagramm über die Häufigkeit der gewählten Antworten

Tabelle über den prozentualen Anteil der gegebenen Antworten bei Frage 3:

Angekreuzte Nummer	1	2	3	4	5	6	7	8
Σ	9/56 = 0,16	1/56 = 0,02	3/56 = 0,05	4/56 = 0,07	3/56 = 0,05	4/56 = 0,07	4/56 = 0,07	29/56 = 0,51
%	16	2	5	7	5	7	7	51

Abb.6.1.3.3

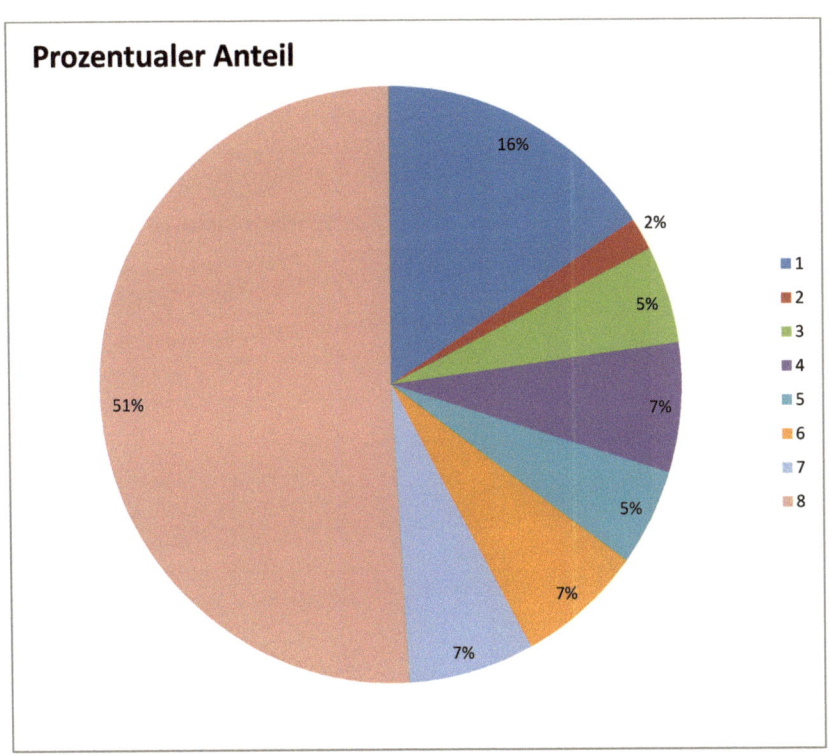

Abb. 6.1.3.4

Diagramm über die Prozentuale Verteilung der Antworten

Frage 4: Es macht mir nichts aus ein tierisches Auge zu sezieren.

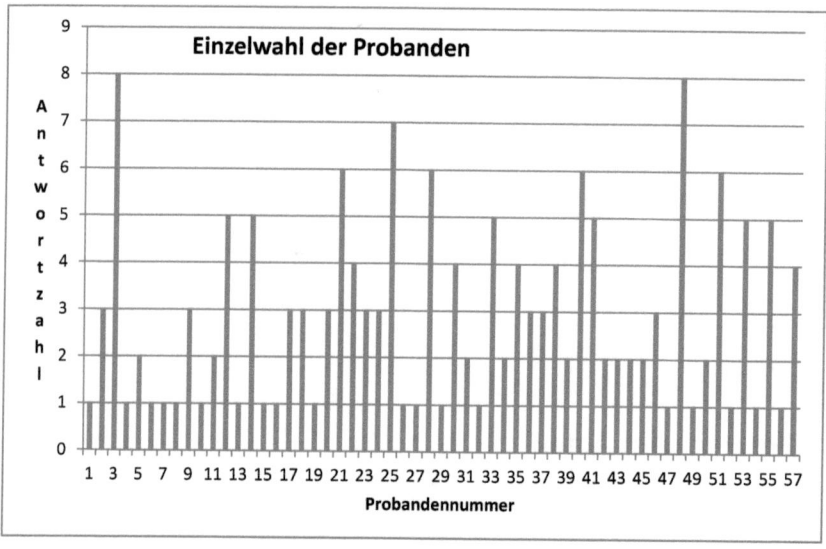

Abb. 6.1.4.1

Diagramm über die gewählten Antworten der einzelnen Probanden

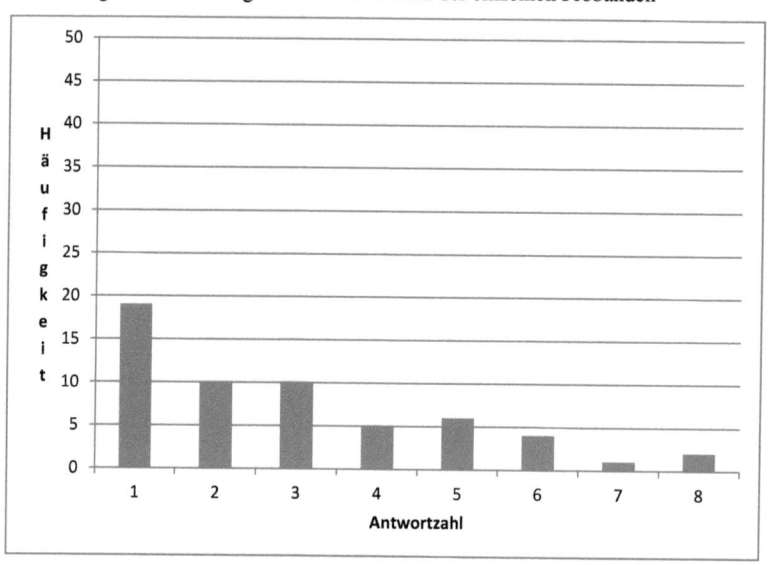

Abb. 6.1.4.2

Diagramm über die Häufigkeit der gewählten Antworten

Tabelle über den prozentualen Anteil der gegebenen Antworten bei Frage 4:

Angekreuzte Nummer	1	2	3	4	5	6	7	8
Σ	19/56 = 0,33	10/56 = 0,18	10/56 = 0,18	5/56 = 0,09	6/56 = 0,11	4/56 = 0,07	1/56 = 0,02	2/56 = 0,04
%	33	18	18	9	11	7	2	4

Abb.6.1.4.3

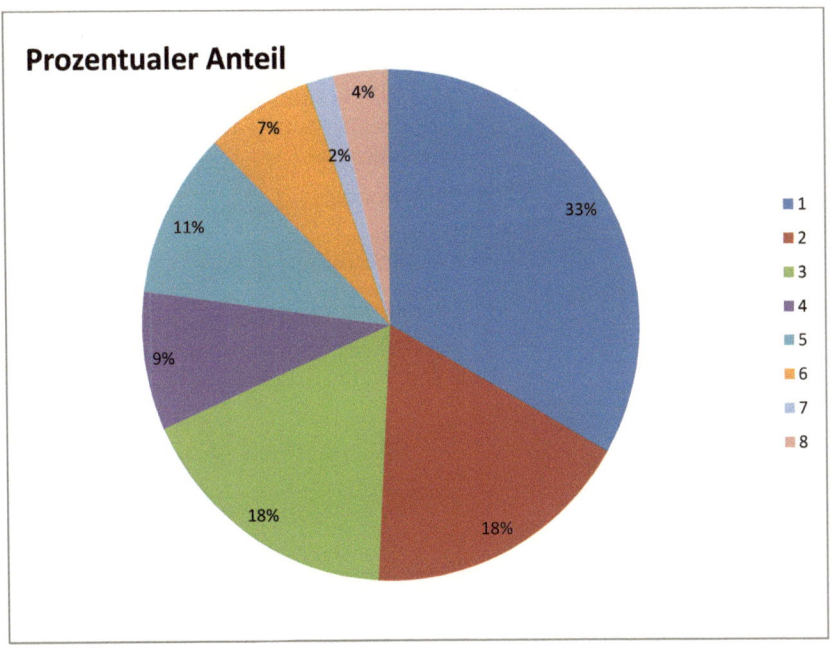

Abb. 6.1.4.4

Diagramm über die Prozentuale Verteilung der Antworten

Frage 5: Das Gefühl, ein sauberes Organ (ohne Blut und Schleim) anzufassen, macht mir nichts aus.

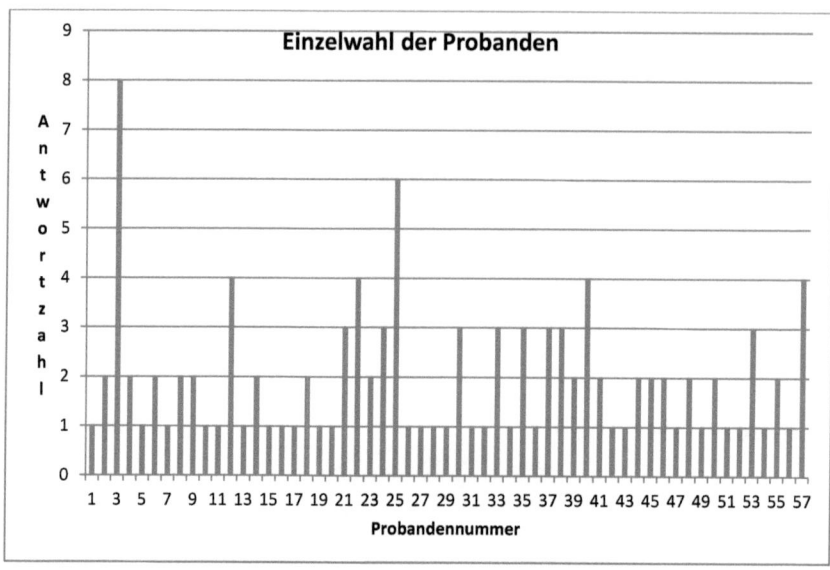

Abb. 6.1.5.1
Diagramm über die gewählten Antworten der einzelnen Probanden

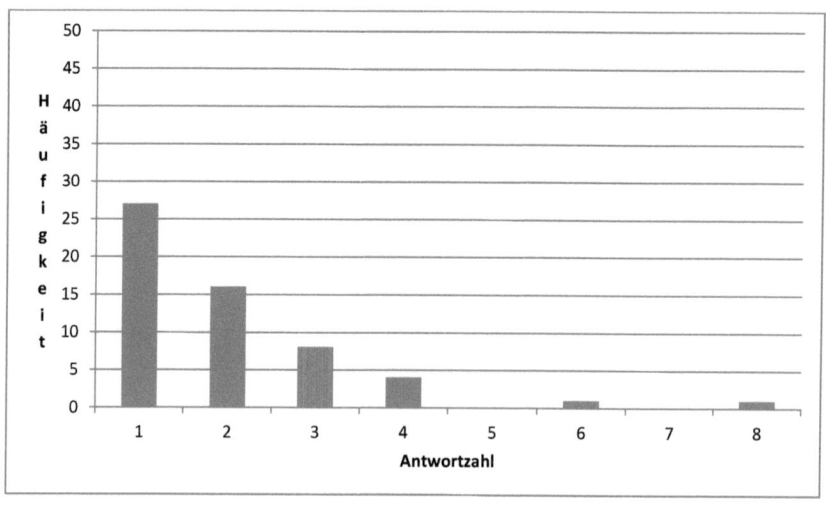

Abb. 6.1.5.2
Diagramm über die Häufigkeit der gewählten Antworten

Tabelle über den prozentualen Anteil der gegebenen Antworten bei Frage 5:

Angekreuzte Nummer	1	2	3	4	5	6	7	8
Σ	27/56 = 0,47	16/56 = 0,28	8/56 = 0,14	4/56 = 0,07	0/56 = 0	1/56 = 0,02	0/56 = 0	1/56 = 0,02
%	47	28	14	7	0	2	0	2

Abb. 6.1.5.3

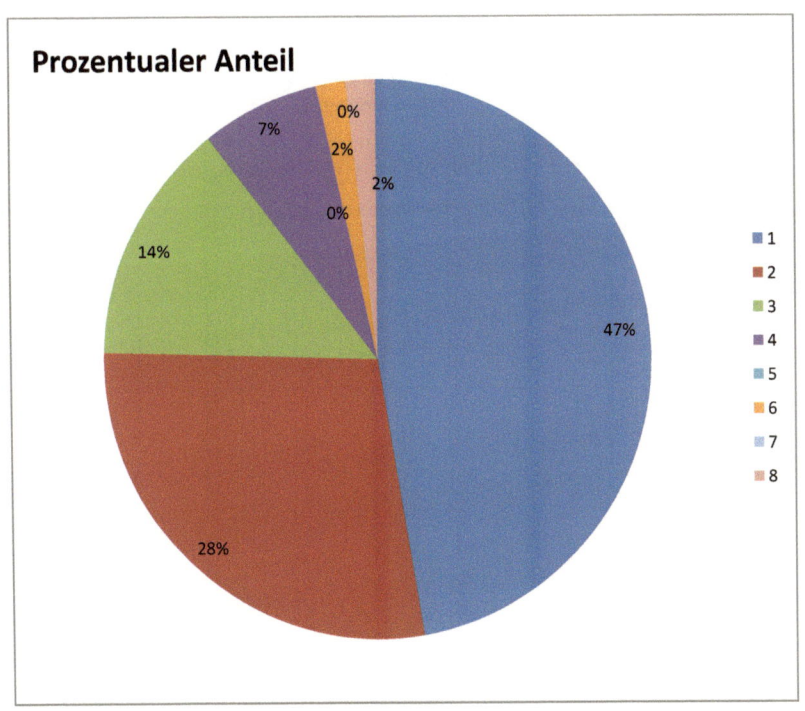

Abb.6.1.5.4

Diagramm über die Prozentuale Verteilung der Antworten

Frage 6: Ich habe kein Problem damit, Blut zu sehen.

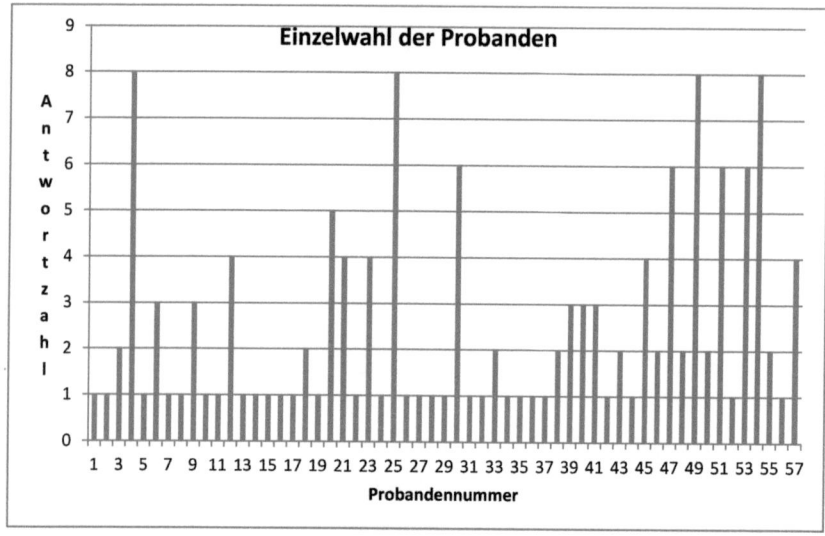

Abb. 6.1.6.1

Diagramm über die gewählten Antworten der einzelnen Probanden

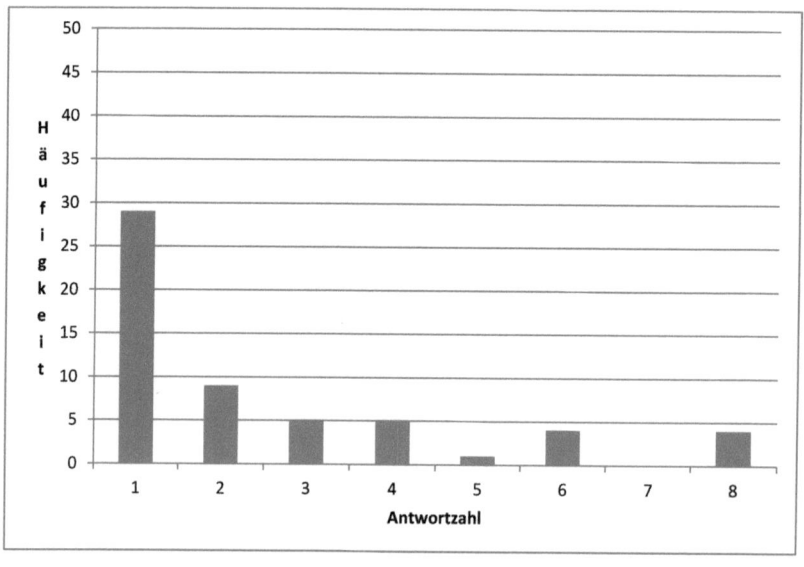

Abb. 6.1.6.2

Diagramm über die Häufigkeit der gewählten Antworten

Tabelle über den prozentualen Anteil der gegebenen Antworten bei Frage 6:

Angekreuzte Nummer	1	2	3	4	5	6	7	8
Σ	29/56 = 0,51	9/56 = 0,16	5/56 = 0,09	5/56 = 0,09	1/56 = 0,02	4/56 = 0,07	0/56 = 0	4/56 = 0,07
%	51	16	9	9	2	7	0	7

Abb.6.1.6.3

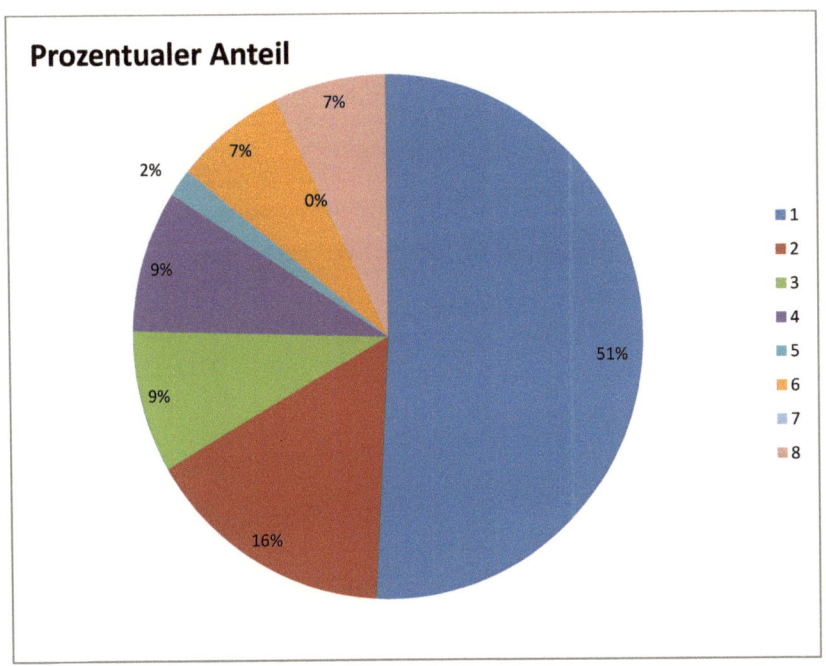

Abb. 6.1.6.4

Diagramm über die Prozentuale Verteilung der Antworten

Frage 7: Ich esse niemals Fleisch.

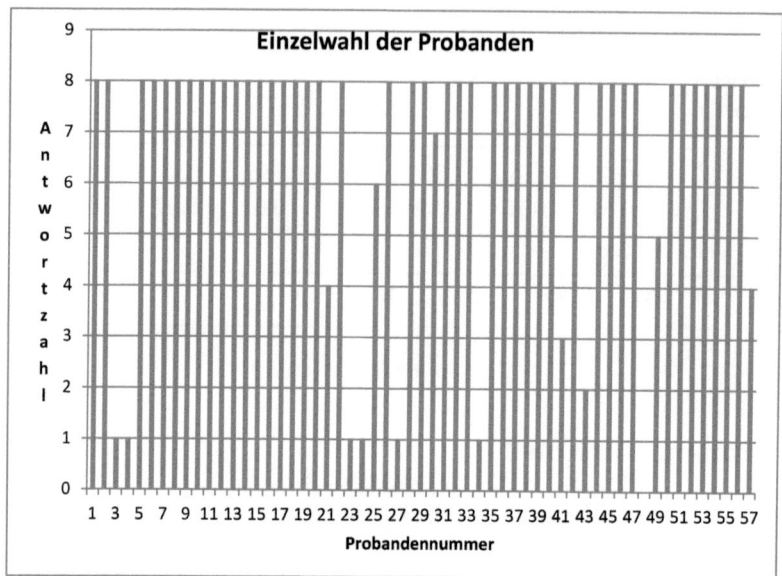

Abb. 6.1.7.1

Diagramm über die gewählten Antworten der einzelnen Probanden

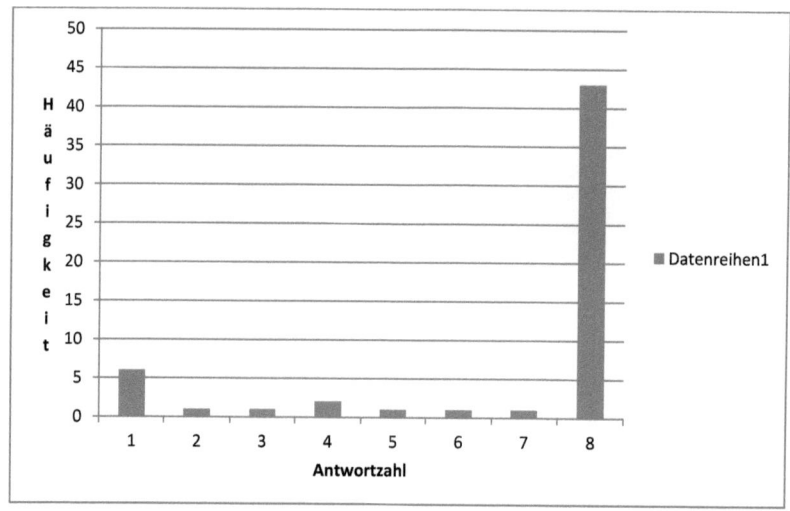

Abb. 6.1.7.2

Diagramm über die Häufigkeit der gewählten Antworten

Tabelle über den prozentualen Anteil der gegebenen Antworten bei Frage 7:

Angekreuzte Nummer	1	2	3	4	5	6	7	8
Σ	6/55 = 0,11	1/55 = 0,02	1/55 = 0,02	2/55 = 0,04	1/55 = 0,02	1/55 = 0,02	1/55 = 0,02	43/55 = 0,77
%	11	2	2	4	2	2	2	77

Abb. 6.1.7.3

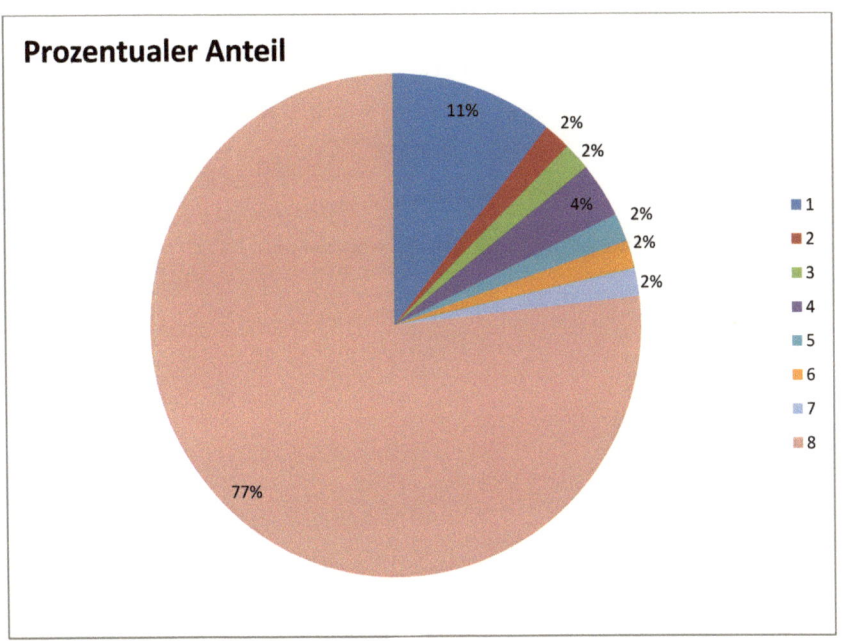

Abb. 6.1.7.4

Diagramm über die Prozentuale Verteilung der Antworten

Frage 8: Ich finde den Einsatz von Organen von Tieren im Unterricht ekelerregend.

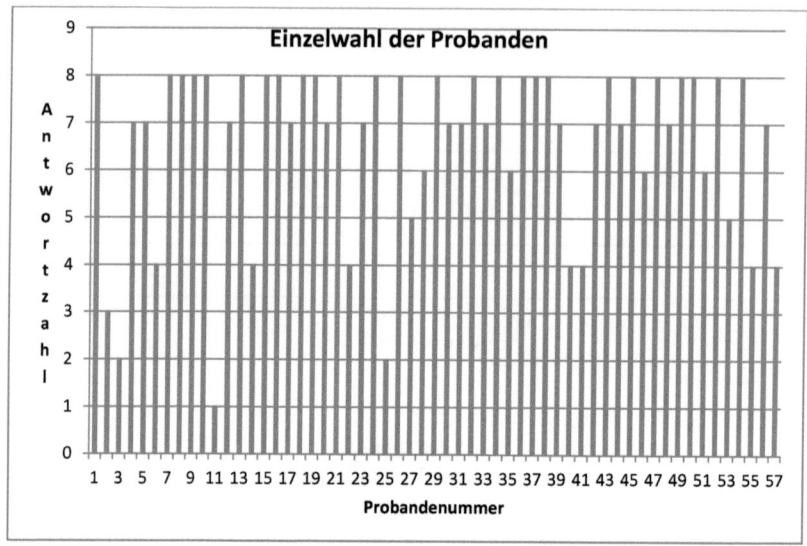

Abb. 6.1.8.1

Diagramm über die gewählten Antworten der einzelnen Probanden

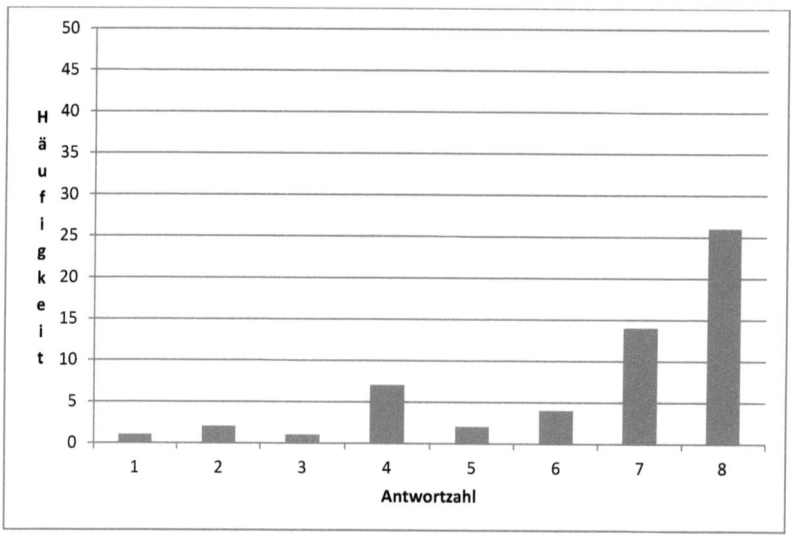

Abb. 6.1.8.2

Diagramm über die Häufigkeit der gewählten Antworten

Tabelle über den prozentualen Anteil der gegebenen Antworten bei Frage 8:

Angekreuzte Nummer	1	2	3	4	5	6	7	8
Σ	1/56 = 2	2/56 = 0,04	1/56 = 0,02	7/56 = 0,12	2/56 = 0,04	4/56 = 0,07	14/56 = 0,25	26/56 = 0,46
%	2	4	2	12	4	7	25	46

Abb. 6.1.8.3

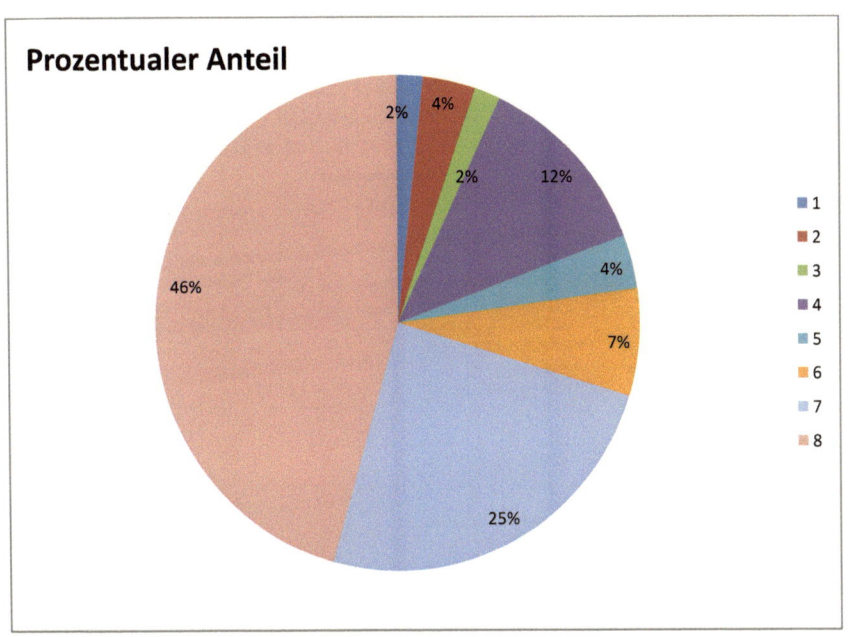

Abb. 6.1.8.4
Diagramm über die Prozentuale Verteilung der Antworten

Frage 9: Ich finde den Einsatz von eindeutig (für Schüler) zu erkennenden Organen im Unterricht ekelerregend. (z.B. Auge)

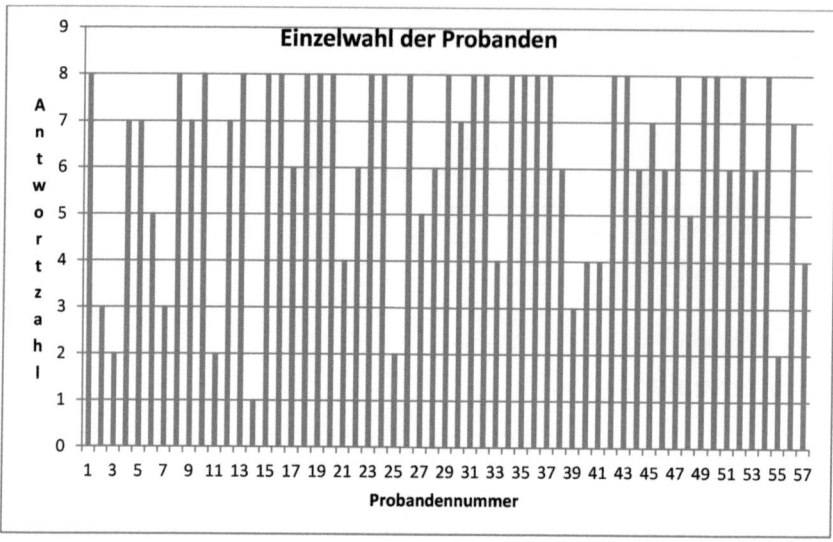

Abb. 6.1.9.1

Diagramm über die gewählten Antworten der einzelnen Probanden

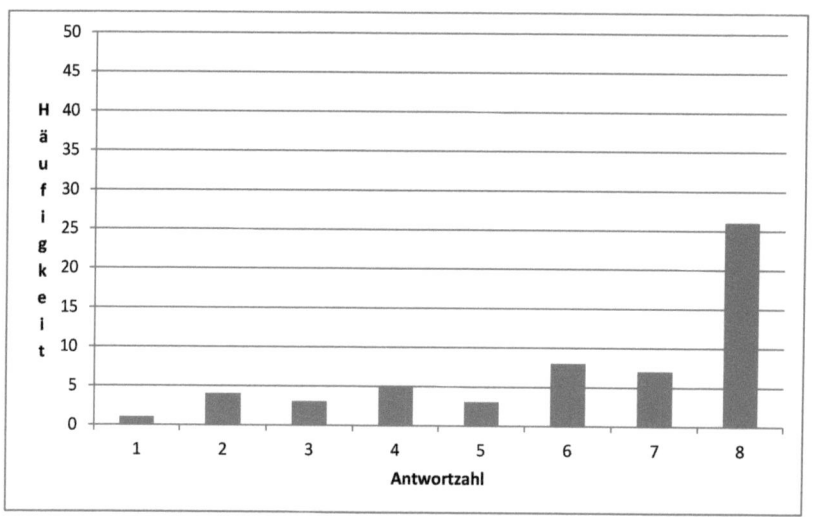

Abb. 6.1.9.2

Diagramm über die Häufigkeit der gewählten Antworten

Tabelle über den prozentualen Anteil der gegebenen Antworten bei Frage 9:

Angekreuzte Nummer	1	2	3	4	5	6	7	8
Σ	1/56 = 0,02	4/56 = 0,07	3/56 = 0,05	5/56 = 0,09	3/56 = 0,05	8/56 = 0,14	7/56 = 0,12	26/56 = 0,46
%	2	7	5	9	5	14	12	46

Abb. 6.1.9.3

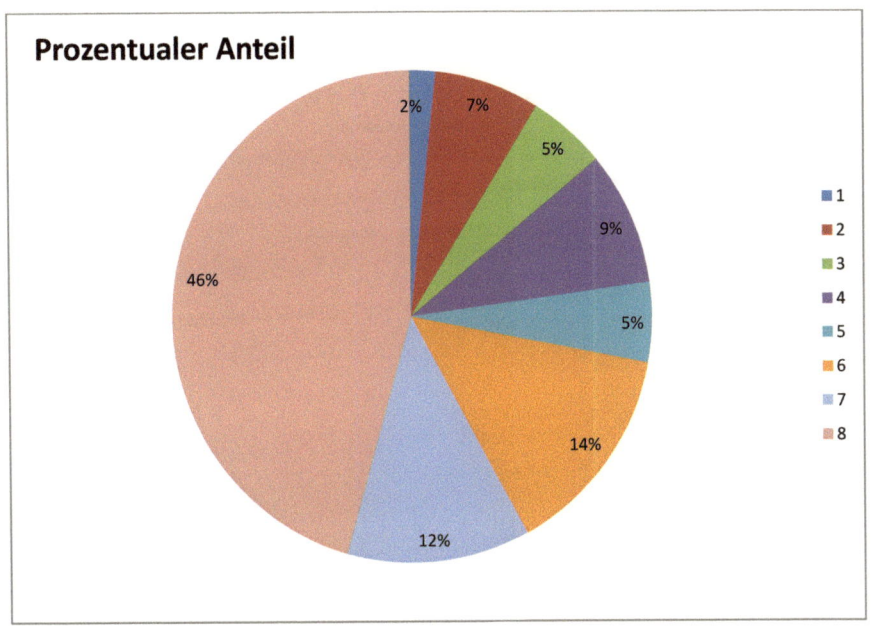

Abb. 6.1.9.4

Diagramm über die Prozentuale Verteilung der Antworten

Frage 10: Ich würde wahrscheinlich während des Sezierens von Organen den Raum verlassen.

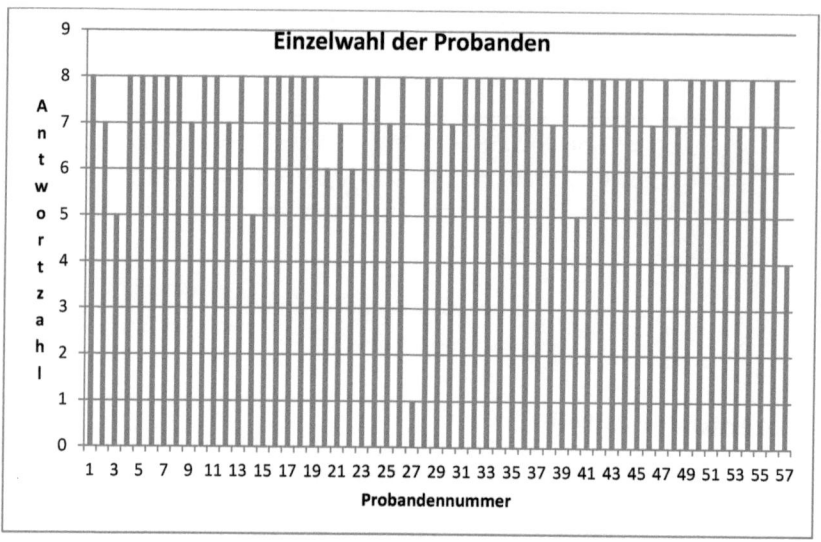

Abb. 6.1.10.1
Diagramm über die gewählten Antworten der einzelnen Probanden

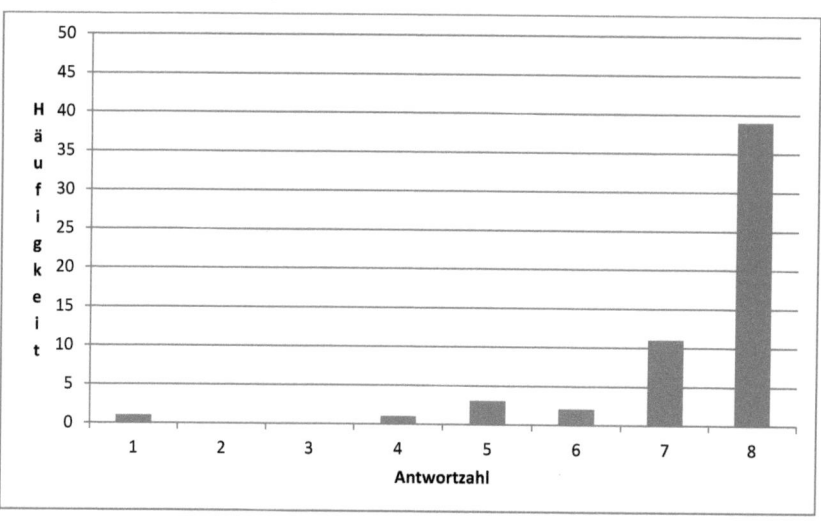

Abb. 6.1.10.2
Diagramm über die Häufigkeit der gewählten Antworten

Tabelle über den prozentualen Anteil der gegebenen Antworten bei Frage 10:

Angekreuzte Nummer	1	2	3	4	5	6	7	8
Σ	1/56 = 0,02	0/56 = 0	0/56 = 0	1/56 = 0,02	3/56 = 0,05	2/56 = 0,04	11/56 = 0,19	39/56 = 0,68
%	2	0	0	2	5	4	19	68

Abb. 6.1.10.3

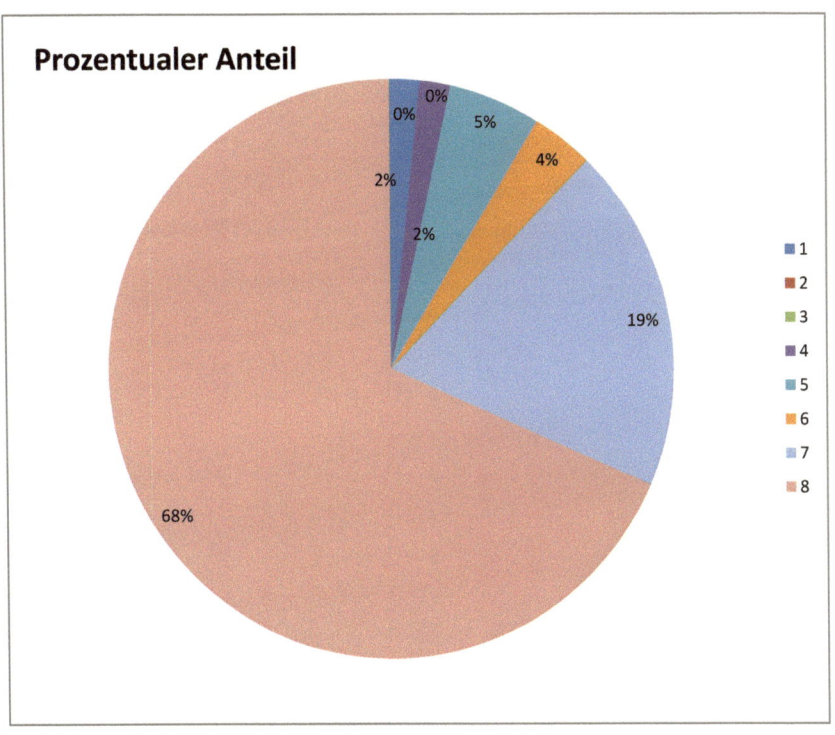

Abb. 6.1.10.4

Diagramm über die Prozentuale Verteilung der Antworten

Frage 11: Ich finde es faszinierend Organe im Original zu betrachten.

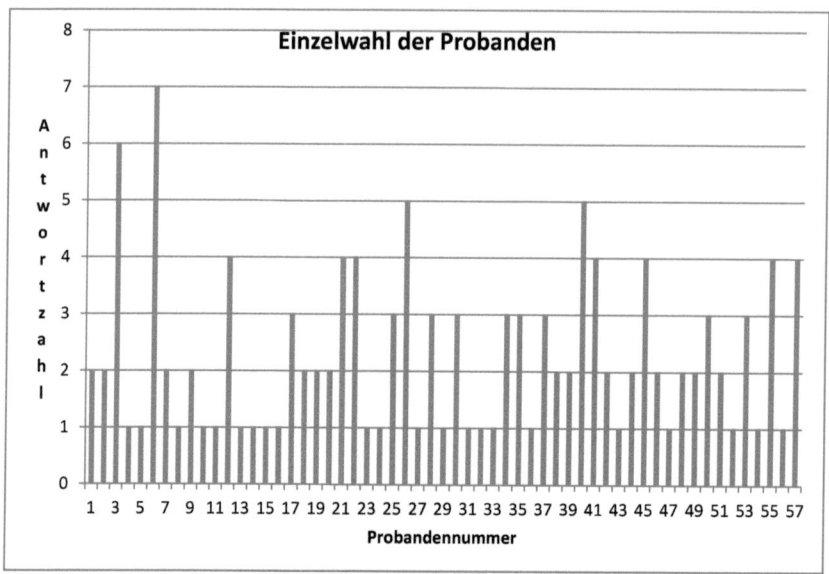

Abb. 6.1.11.1
Diagramm über die gewählten Antworten der einzelnen Probanden

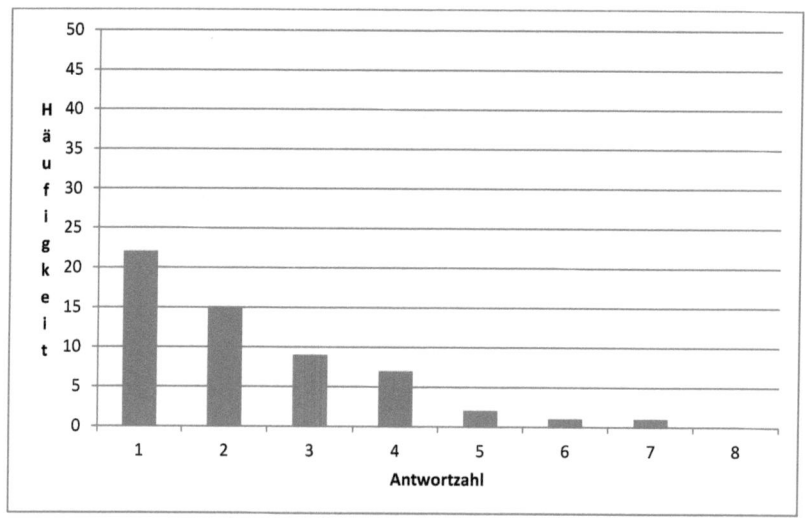

Abb. 6.1.11.2
Diagramm über die Häufigkeit der gewählten Antworten

Tabelle über den prozentualen Anteil der gegebenen Antworten bei Frage 11:

Angekreuzte Nummer	1	2	3	4	5	6	7	8
Σ	22/56 = 0,39	15/56 = 0,26	9/56 = 0,16	7/56 = 0,12	2/56 = 0,04	1/56 = 0,02	1/56 = 0,02	0/56 = 0
%	39	26	16	12	4	2	2	0

Abb. 6.1.11.3

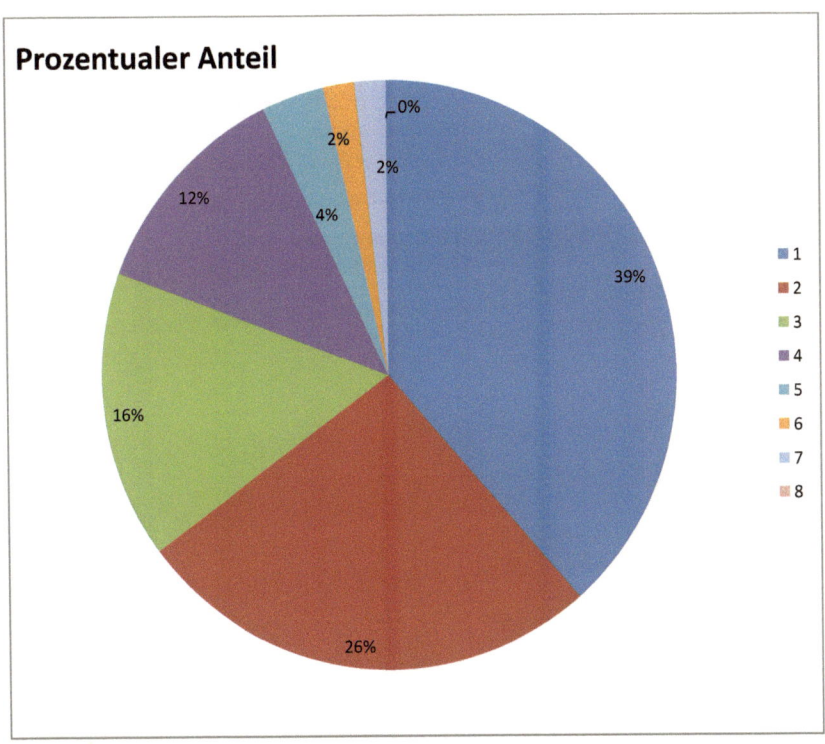

Abb. 6.1.11.4

Diagramm über die Prozentuale Verteilung der Antworten

Frage 12: Ich finde am Originalorgan zu lernen besser, als rein theoretisches Arbeiten.

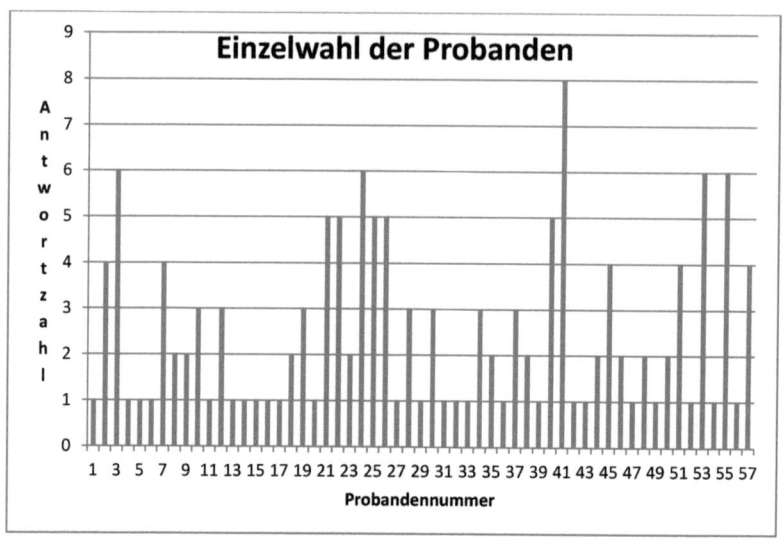

Abb. 6.1.12.1

Diagramm über die gewählten Antworten der einzelnen Probanden

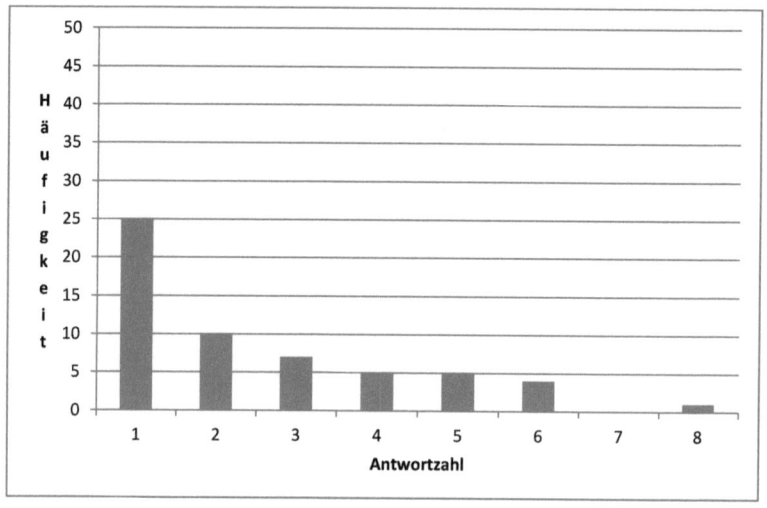

Abb. 6.1.12.2

Diagramm über die Häufigkeit der gewählten Antworten

Tabelle über den prozentualen Anteil der gegebenen Antworten bei Frage 12:

Angekreuzte Nummer	1	2	3	4	5	6	7	8
Σ	25/56 = 0,44	10/56 = 0,18	7/56 = 0,12	5/56 = 0,09	5/56 = 0,09	4/56 = 0,07	0/56 = 0	1/56 = 0,02
%	44	18	12	9	9	7	0	2

Abb. 6.1.12.3

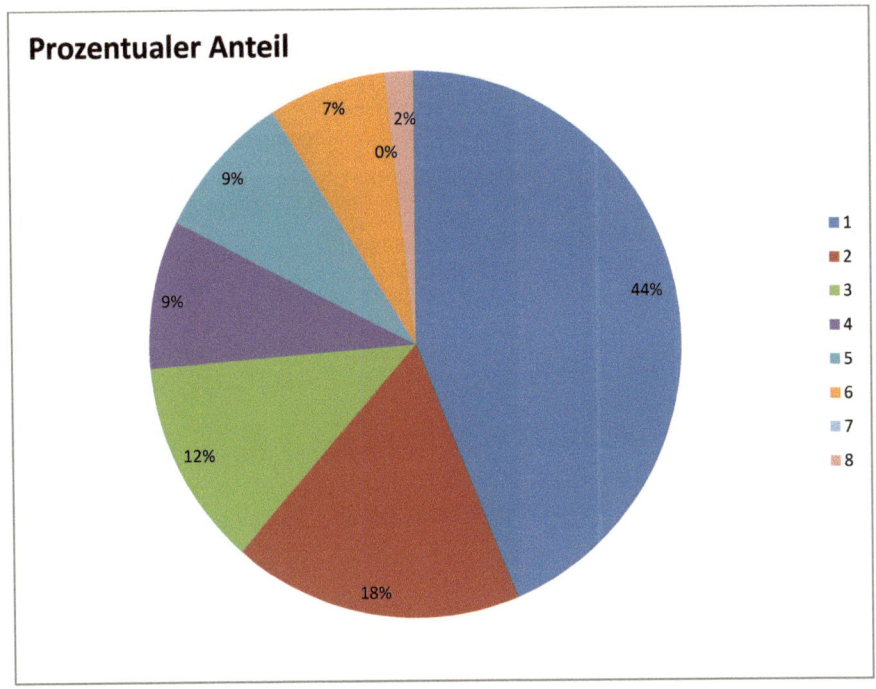

Abb. 6.1.12.4

Diagramm über die Prozentuale Verteilung der Antworten

Frage 13: Während einer Forellensezierung würde ich wahrscheinlich einen Nasenclip verwenden, um den Geruch zu meiden.

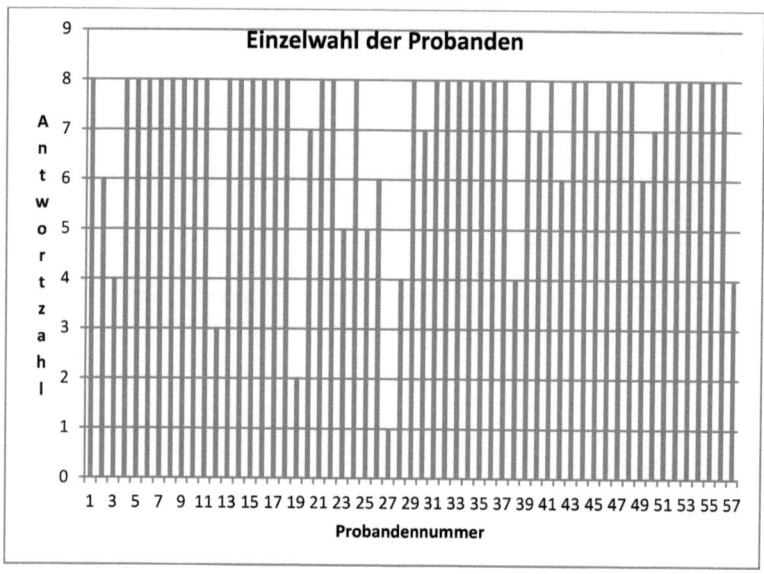

Abb. 6.1.13.1

Diagramm über die gewählten Antworten der einzelnen Probanden

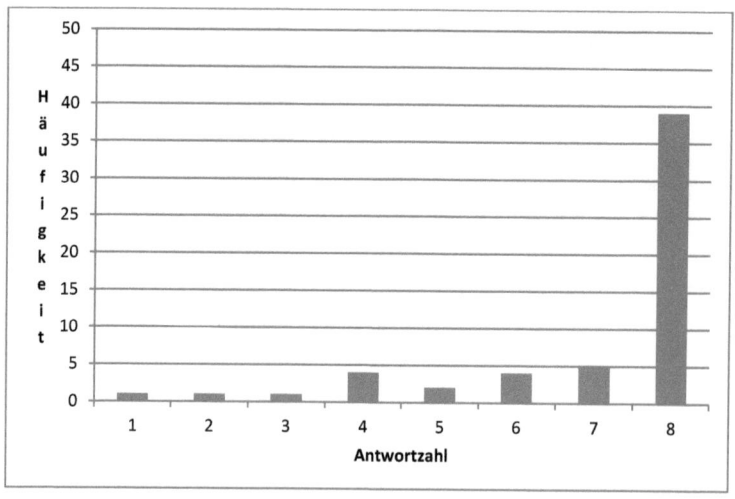

Abb. 6.1.13.2

Diagramm über die Häufigkeit der gewählten Antworten

Tabelle über den prozentualen Anteil der gegebenen Antworten bei Frage 13:

Angekreuzte Nummer	1	2	3	4	5	6	7	8
Σ	1/56 = 0,02	1/56 = 0,02	1/56 = 0,02	4/56 = 0,07	2/56 = 0,04	4/56 = 0,07	5/56 = 0,09	38/56 = 0,68
%	2	2	2	7	4	7	9	68

Abb. 6.1.13.3

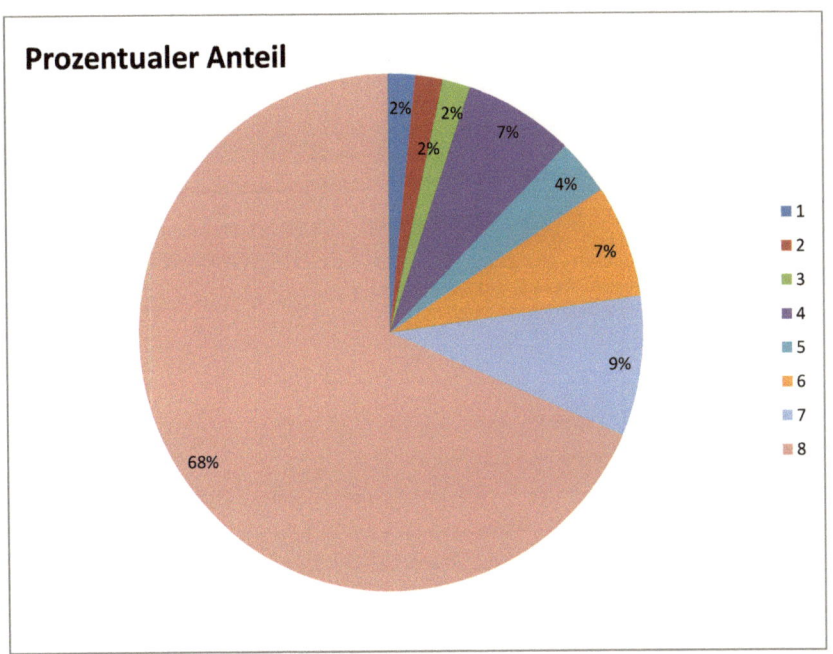

Abb. 6.1.13.4

Diagramm über die Prozentuale Verteilung der Antworten

Frage 14: Ich finde es für Schüler zumutbar, Organe zu zeigen und zu sezieren.

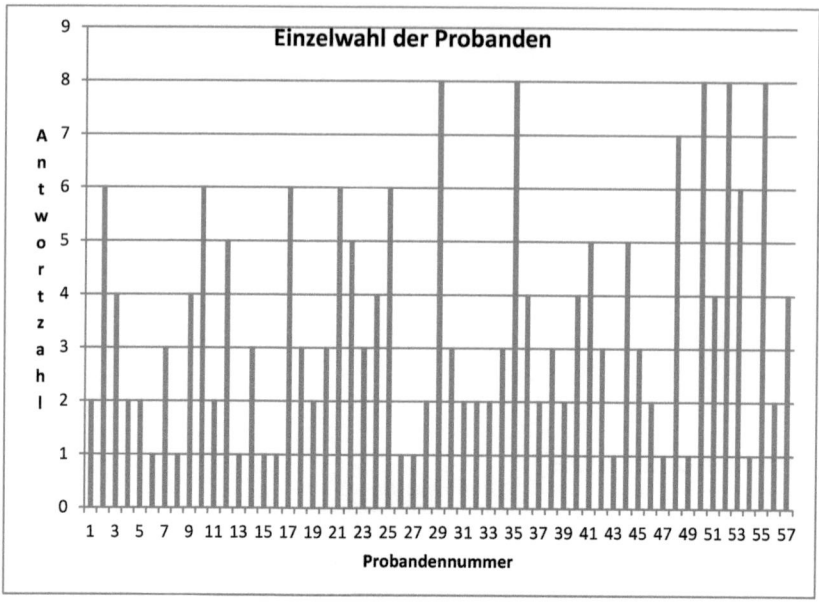

Abb. 6.1.14.1
Diagramm über die gewählten Antworten der einzelnen Probanden

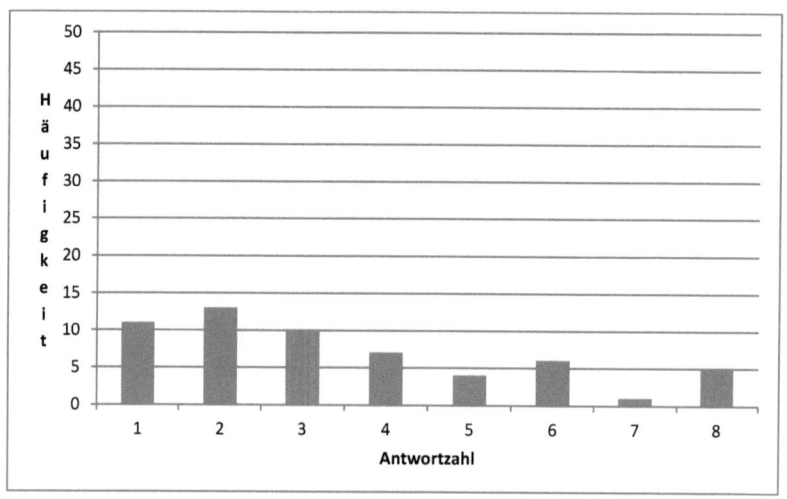

Abb. 6.1.14.2
Diagramm über die Häufigkeit der gewählten Antworten

Tabelle über den prozentualen Anteil der gegebenen Antworten bei Frage 14:

Angekreuzte Nummer	1	2	3	4	5	6	7	8
∑	11/56 = 0,19	13/56 = 0,23	10/56 = 0,18	7/56 = 0,12	4/56 = 0,07	6/56 = 0,11	1/56 = 0,02	5/56 = 0,09
%	19	23	18	12	7	11	2	9

Abb. 6.1.14.3

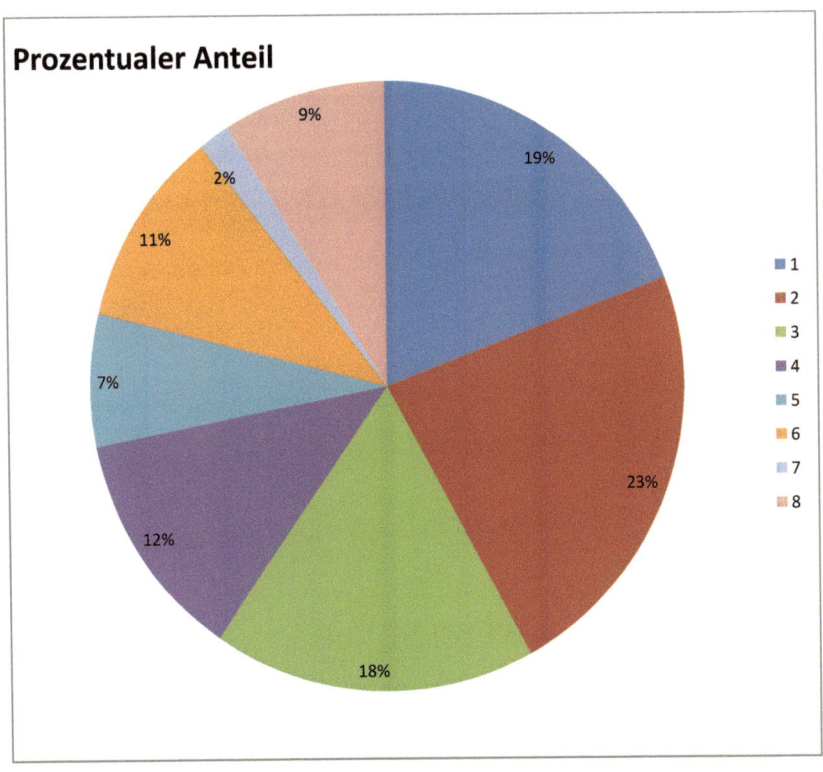

Abb. 6.1.14.4

Diagramm über die Prozentuale Verteilung der Antworten

Frage 15: Ich bin Vegetarier/in.

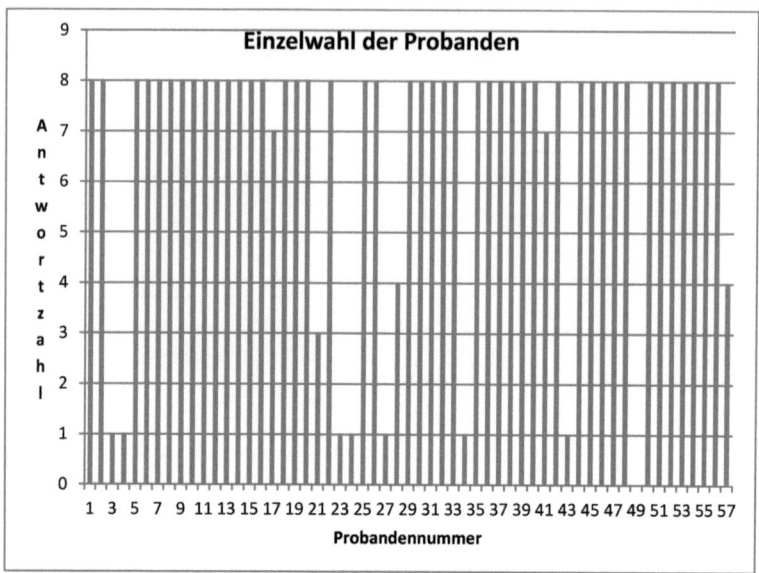

Abb. 6.1.15.1
Diagramm über die gewählten Antworten der einzelnen Probanden

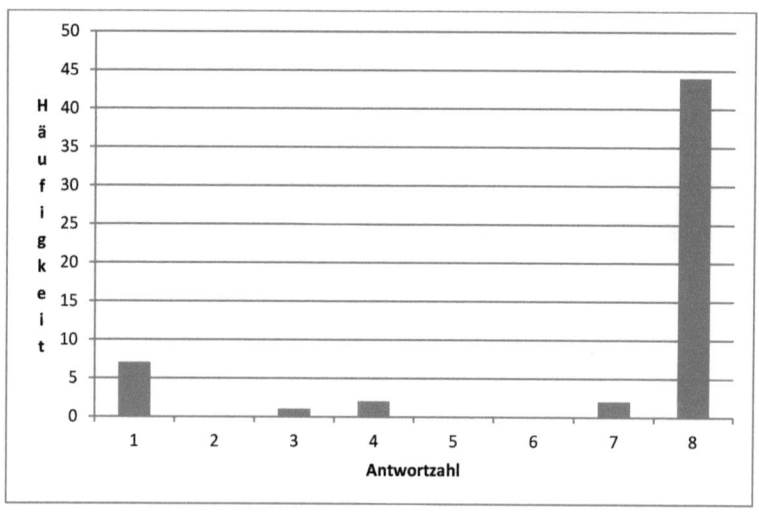

Abb. 6.1.15.2
Diagramm über die Häufigkeit der gewählten Antworten

Tabelle über den prozentualen Anteil der gegebenen Antworten bei Frage 15:

Angekreuzte Nummer	1	2	3	4	5	6	7	8
∑	7/55 = 0,13	0/55 = 0	1/55 = 0,02	2/55 = 0,04	0/55 = 0	0/55 = 0	2/55 = 0,04	44/55 = 0,79
%	13	0	2	4	0	0	4	79

Abb. 6.1.15.3

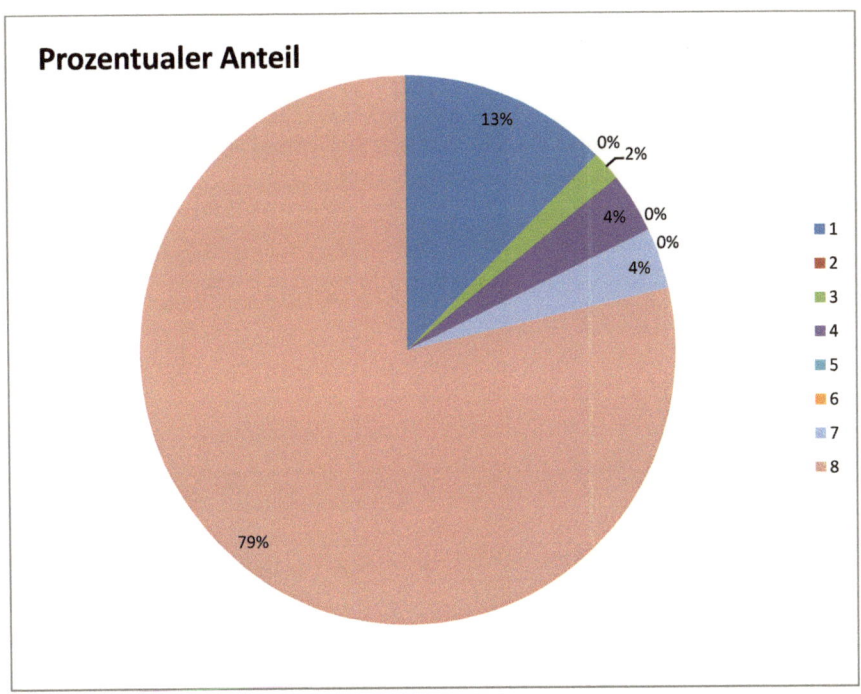

Abb. 6.1.15.4

Diagramm über die Prozentuale Verteilung der Antworten

Frage 16: Während einer Sezierung tierischer Organe würde ich wahrscheinlich einen Nasenclip verwenden, um den Geruch zu meiden.

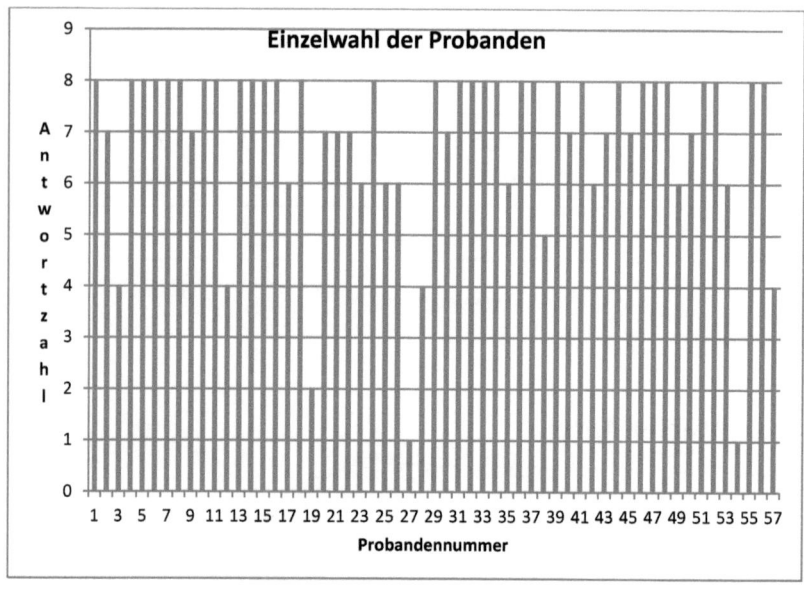

Abb. 6.1.16.1

Diagramm über die gewählten Antworten der einzelnen Probanden

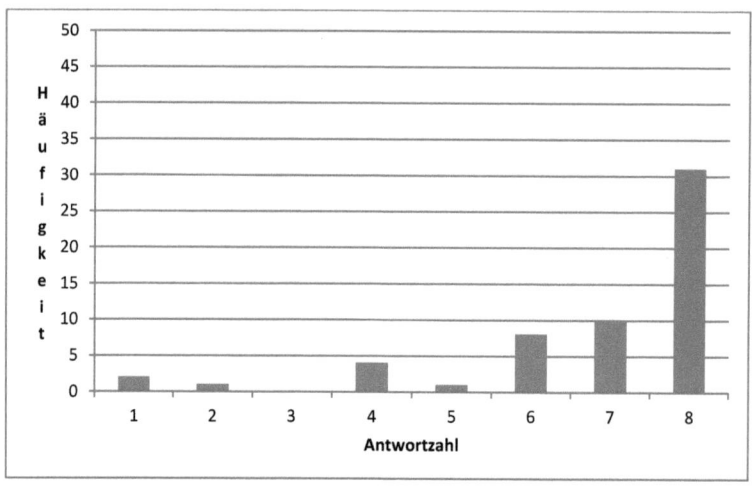

Abb. 6.1.16.2

Diagramm über die Häufigkeit der gewählten Antworten

Tabelle über den prozentualen Anteil der gegebenen Antworten bei Frage 16:

Angekreuzte Nummer	1	2	3	4	5	6	7	8
Σ	2/56 = 0,04	1/56 = 0,02	0/56 = 0	4/56 = 0,07	1/56 = 0,02	8/56 = 0,14	10/56 = 0,18	31/56 = 0,54
%	4	2	0	7	2	14	18	54

Abb.6.1.16.3

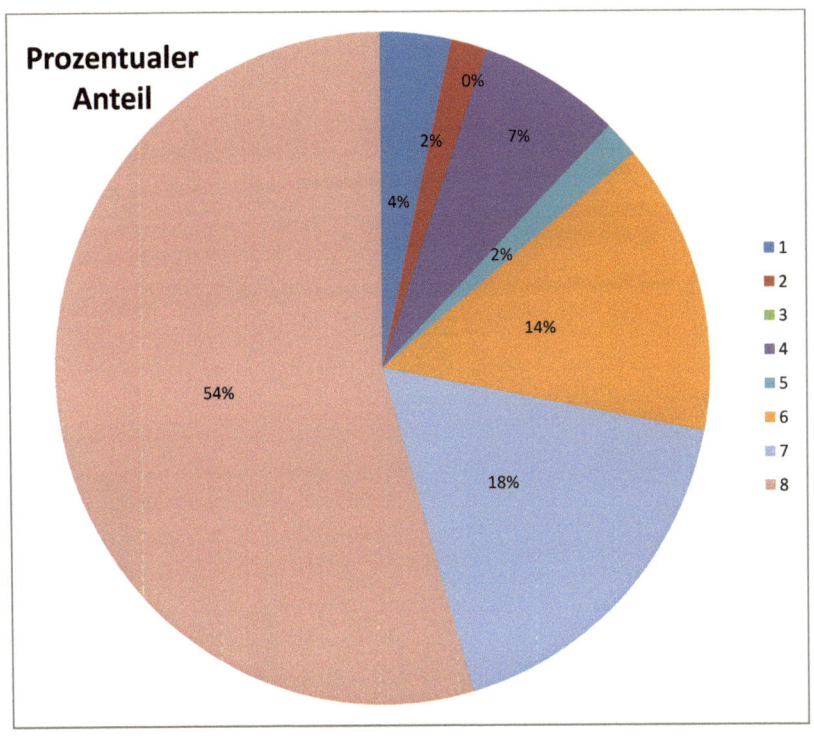

Abb. 6.1.16.4

Diagramm über die Prozentuale Verteilung der Antworten

Frage 17: Der Schleim einer Forelle ekelt mich an.

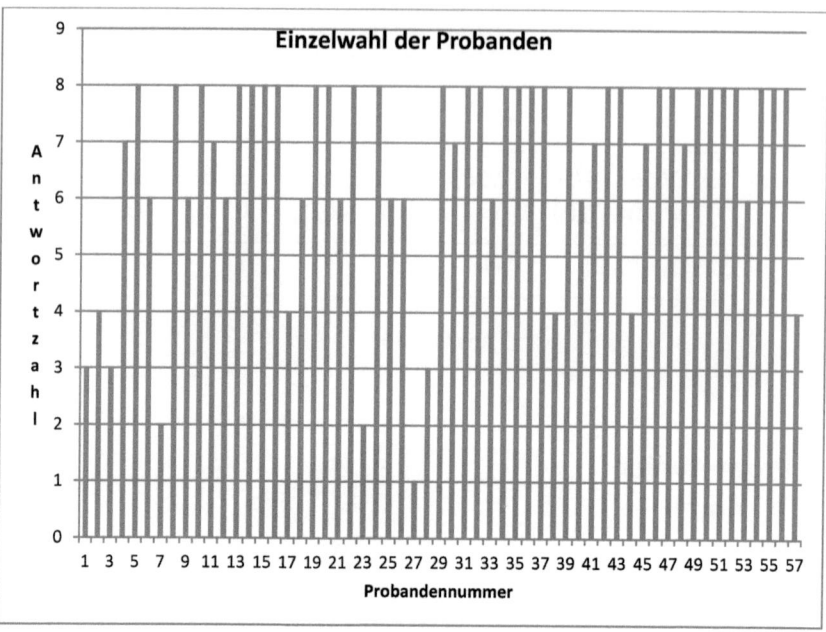

Abb. 6.1.17.1

Diagramm über die gewählten Antworten der einzelnen Probanden

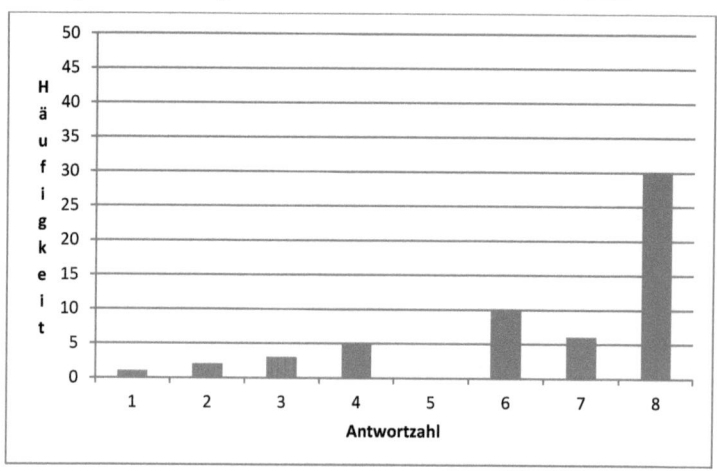

Abb. 6.1.17.2

Diagramm über die Häufigkeit der gewählten Antworten

Tabelle über den prozentualen Anteil der gegebenen Antworten bei Frage 17:

Angekreuzte Nummer	1	2	3	4	5	6	7	8
Σ	1/56 = 0,02	2/56 = 0,04	3/56 = 0,05	5/56 = 0,09	0/56 = 0	10/56 = 0,18	6/56 = 0,11	30/56 = 0,53
%	2	4	5	9	0	18	11	53

Abb. 6.1.17.3

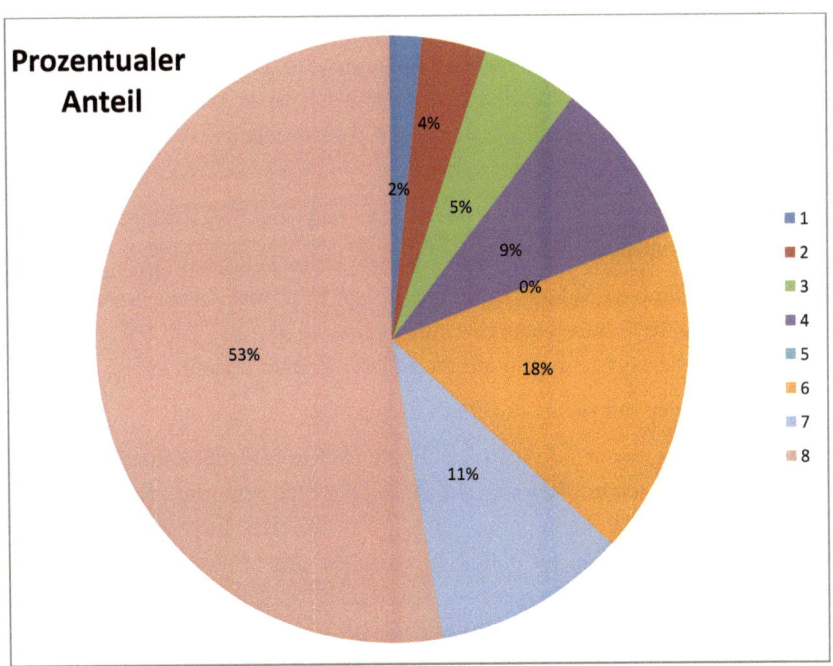

Abb. 6.1.17.4

Diagramm über die Prozentuale Verteilung der Antworten

7.2 Schriftliche Auswertung

Bei der statistischen Auswertung wurden die Prozentwerte auf zwei Stellen nach dem Komma gerundet, dies ergibt eine Rundungsdifferenz von + / - 2 %.

Frage 1: Es macht mir nichts aus eine Forelle anzufassen.

Zwei Drittel der Probanden macht die Haptik einer Forelle nichts aus, wohingegen nur 2 % eine Abneigung dagegen haben. In der prozentualen Verteilung ist eine klare abfallende Linie von Akzeptanz nach Abneigung zu erkennen. So liegt die Mehrheit der Probanden, die eins bis vier angegeben haben, bei 96 %. Es ist hier klar ersichtlich, dass es für fast alle Probanden keinen Ekel hervorruft, eine Forelle zu berühren.

Frage 2: Es macht mir nichts aus ein Herz eines Säugetieres zu sezieren.

Die Mehrheit der Probanden hat mit dem Sezieren eines Herzens wenig bis hin zu gar keinen Problemen. 77 % haben die Frage mit den Zahlen eins bis drei angegeben. 19 % befinden sich im Mittelfeld und haben gewisse Vorbehalte gegenüber dem Sezieren. Nur 4 % sprechen sich mit den Zahlen sieben und acht relativ deutlich gegen das Sezieren eines Herzens aus.

Frage 3: Wenn mir eine ganze Forelle mit Kopf und Augen im Restaurant serviert wird, könnte ich nicht davon essen.

Die Hälfte der Probanden kann keine Forelle mit Kopf und Augen im Restaurant verspeisen. Nur 16 % haben demgegenüber keinerlei Skrupel. Die restlichen Probanden sind nahezu gleichmäßig auf die anderen Zahlen verteilt.

Frage 4: Es macht mir nichts aus ein tierisches Auge zu sezieren.

Hier lässt sich insgesamt eine schwach abfallende Kurve ab der Zahl eins deutlich erkennen, die eine leichte Steigung auf 4% bei der Zahl acht zeigt. Ein Drittel der Probanden hat kein Problem damit ein Auge zu sezieren. Insgesamt haben sich sogar 69% der Probanden für eine Zahl zwischen eins bis drei entschieden und zeigen damit eine Offenheit gegenüber dem Akt des Sezierens. 20% sind sich unschlüssig (Zahl vier und fünf) und 9% hegen eine Abneigung dagegen die bis stark ausgeprägt zu sein scheint. 4% zeigen durch die Zahl acht eine absolute Abneigung gegen das Sezieren am tierischen Auge.

Frage 5: Das Gefühl, ein sauberes Organ (ohne Blut und Schleim) anzufassen, macht mir nichts aus.

Die Probanden zeigen auch bei dieser Frage wieder eine klare Offenheit für die Arbeit mit Organen. Fast die Hälfte der Probanden ist begeistert von dieser Tätigkeit und für weitere 42% (Zahlen Zwei und Drei) ist es ebenfalls kaum ein Problem. Nur ein Proband aus Gruppe eins scheint damit nicht umgehen zu können.

Frage 6: Ich habe kein Problem damit, Blut zu sehen.

Über die Hälfte der Probanden hat kein Problem mit der Ansicht von Blut. Im vorderen Feld (Zahl eins bis drei) sind es insgesamt 76%. 11% sind unschlüssig, dies zeigen sie durch die Zahlen Vier und Fünf im Mittelfeld und 7% eher abgeneigt. 7% sprechen sich klar gegen den Anblick von Blut aus und geben eine Abneigung dagegen an.

Frage 7: Ich esse niemals Fleisch.

77 % scheinen Vegetarier zu sein und weitere 2% sind ebenfalls dem fleischlosen Leben zugeneigt. Nur 11 % der Befragten essen regelmäßig Fleisch, wobei sich nur 2 % eher den absoluten Fleischkonsumenten zuordnen. Im Mittelfeld sind insgesamt 6% zu finden, die sich als gelegentliche Omnivoren zu erkennen geben.

Frage 8: Ich finde den Einsatz von Organen von Tieren im Unterricht ekelerregend.

Nur ein Proband stimmt dieser Behauptung vollkommen zu und weitere 6 % neigen in diese Richtung (Zahlen Zwei und Drei). 16 % sehen den Einsatz von Organen im Unterricht mit geteilter Meinung und ein gutes Drittel von 32 % (Zahlen Sechs und Sieben) tendiert zum Einsatz von tierischen Organen im Unterricht. 46 % befürworten den Einsatz von Organen im Unterricht und finden es nicht ekelerregend.

Frage 9: Ich finde den Einsatz von eindeutig (für Schüler) zu erkennenden Organen im Unterricht ekelerregend. (z.B. Auge)

Im Vergleich zu Frage Acht hat sich bei den Angaben gegen den Organeinsatz bei den Zahlen Sechs bis Acht eine leichte Verschiebung gezeigt. Auch hier ist fast die Hälfte der Probanden vollkommen für den Einsatz von Organen im Unterricht, selbst wenn sie für Schüler eindeutig zu erkennen sind. Die Begeisterung für den Einsatz von Organen im Unterricht ist im Vergleich zu Frage Acht deutlich geringer. Ein Proband aus Gruppe 1 ist vollkommen gegen den Einsatz. Die Abneigung der Probanden zeigt sich bei den Zahlen Zwei und Drei, die in der vorangegangenen Frage Acht bei 6% lag und bei dieser Frage 13% ausmachen.

Frage 10: Ich würde wahrscheinlich während des Sezierens von Organen den Raum verlassen.

Lediglich ein Proband aus der zweiten Gruppe würde den Raum während einer Sezierung verlassen. Allerdings sind sich weitere 7 % (Zahlen Vier und Fünf) unschlüssig, was vermutlich von der Auswahl des zu sezierenden Organes abhängt. Über zwei Drittel der Probanden würden während einer Sezierung im Raum bleiben, welches sie durch die maximale Anzahl von Punkten kennzeichnen. 19% der Befragten vergaben ebenfalls mit sieben Punkten eine äußerst hohe Anzahl.

Frage 11: Ich finde es faszinierend Organe im Original zu betrachten.

Mehr als 60% der Studenten sind von Organen im Original fasziniert, wobei sich jeweils die Hälfte auf die vollkommene Zustimmung und die starke Tendenz Zwei und Drei verteilt. 16% (Zahlen Vier und Fünf) sind sich uneins darüber und nur 4 % neigen zu einer etwas abneigenden Haltung.

Frage 12: Ich finde am Originalorgan zu lernen besser, als rein theoretisches Arbeiten.

Bei dieser Aussage gibt es wieder eine deutlich abfallende Kurve mit starker Tendenz zur Ablehnung hin. Die Aussage wurde von 74 % mit den Zahlen Eins bis Drei beantwortet, was einer Fürsprache zum Thema Lernen am Original zuträgt, da sie durch die niedrigen Zahlen ihre Zustimmung zur Aussage geben. 18 % sehen es gemischt und 7% leicht negativ. Ein Proband aus Gruppe 2 findet rein theoretisches Lernen besser als, Lernen am Originalorgan.

Frage 13: Während einer Forellensezierung würde ich wahrscheinlich einen Nasenclip verwenden, um den Geruch zu meiden.

Ein Proband aus Gruppe zwei hat ein Problem mit dem Geruch von Fisch. Weitere zwei Probanden neigen dem auch zu. 13 % der Befragten finden sich im Mittelfeld wieder, da sie sich nicht sicher sind, es könnte von der Stärke des Geruchs abhängig sein oder ob ihnen ein Nasenclip eventuell peinlich wäre. Weitere 13 % tendieren eher gegen einen Nasenclip und knappe zwei Drittel der Probanden sprechen sich klar dagegen aus.

Frage 14: Ich finde es für Schüler zumutbar, Organe zu zeigen und zu sezieren.

Ein knappes Fünftel der Probanden findet es zumutbar Schülern Organe zu zeigen und zu sezieren, fast ein weiteres Viertel ist dem auch sehr zugetan (Angabe der

Zahl zwei). Weitere 18 % neigen ebenfalls dazu, was insgesamt 60 % der Probanden ausmacht. Dahingegen sind sich 19% der Teilnehmer noch nicht schlüssig und die restlichen 22% dem gegenüber abgeneigt.

Frage 15: Ich bin Vegetarier/in.

79 % sprechen sich dagegen aus ein Vegetarier zu sein und 13 % bekennen sich voll und ganz dazu. 4% neigen nur minimal in die Richtung der Vegetarier und die restlichen 6% sind eher im dafür sprechenden Mittelfeld zu finden. Auffallend ist der Unterschied zu Frage Sieben, bei der sich 77% der Teilnehmer zum nicht fleischlosen Leben bekannt haben. Der Unterschied von 2% könnte an der persönlichen Definition eines Vegetariers liegen, da sich der Wortlaut bei den Fragen unterscheidet. Es gibt einen Unterschied zwischen Fleischverzicht und dem Verzicht aller tierischen Produkte (wie z.B. Gelatine).

Frage 16: Während einer Sezierung tierischer Organe würde ich wahrscheinlich einen Nasenclip verwenden, um den Geruch zu meiden.

Über die Hälfte der Probanden haben kein Problem mit dem Geruch von Organen und weitere 32% neigen auch in diese Richtung (Zahlen Sechs und Sieben). 9 % im Mittelfeld sind sich unschlüssig, was vielleicht an der Stärke des Geruchs liegen könnte und 6% würden höchstwahrscheinlich einen Nasenclip beim Sezieren verwenden (Zahlen Eins und Zwei). Wie bei Frage 13 vermutet, kann es bei der Auswahl eines Nasenclips auf die Intensität des Geruchs ankommen oder den persönlichen Peinlichkeitsfaktor der Studenten.

Frage 17: Der Schleim einer Forelle ekelt mich an.

Über die Hälfte der Probanden ekeln sich nicht vor dem Schleim einer Forelle. Weitere 29 % tendieren ebenfalls in diese Richtung. 9% im Mittelfeld sind sich unschlüssig. Ein Proband aus Gruppe Zwei hat ein Ekelgefühl vor Forellenschleim und weitere 9% finden es unangenehm (Zahlen Zwei und Drei).

8. Ergebnisse und Diskussion der Ergebnisse im Hinblick auf die Hypothesen

8.1. Ergebnisse

Hypothese Eins „Vegetarier neigen dazu Ekel gegenüber tierischen Präparaten zu haben."

Wird durch die Fragen 1, 2, 4, 5, 7, 8, 9, 10,15 und 16 überprüft.

Ob der Befragte ein Vegetarier ist wurde durch die Fragen Sieben und Fünfzehn überprüft. Bei Frage Sieben wurde die absolute Zahl 1 sechs Mal angegeben und bei Frage 15 sieben Mal. In der tabellarischen Auswertung stimmen sechs Probanden bei beiden Fragen überein und sind als absolute Vegetarier zu sehen. Bei den relevanten Fragen über den Ekel im Umgang mit Organen gaben diese sechs Probanden folgende Antworten an:

Vegetarier aus Frage 7 und 15	Frage 1	Frage 2	Frage 4	Frage 5	Frage 8	Frage 9	Frage 10	Frage 16
Proband 3	8	7	8	8	2	2	5	4
Proband 4	2	1	1	2	7	7	8	8
Proband 23	4	1	3	2	7	8	8	6
Proband 24	1	3	3	3	8	8	8	8
Proband 27	1	1	1	1	5	5	1	1
Proband 34	1	1	2	1	8	8	8	8

Abb. 8.1.1

Die grün hinterlegten Antwortzahlen sind für die Hypothese ausschlaggebend.

<u>Korrelationsvergleich der Antworten:</u>

Frage 1: „Es macht mir nichts aus eine Forelle anzufassen."

Diese Aussage wurde von der Hälfte der Probanden mit der Zahl eins versehen, was dem Ergebnis, es trifft bei ihnen vollkommen zu, entspricht. Auch ein weiterer Proband mit der Zahl zwei, ist nicht von Forellen abgeneigt und ein anderer mit der Zahl vier befindet sich genau zwischen Ekel und Faszination. Lediglich ein Proband empfindet es als absolut eklig eine Forelle an zu fassen.

Frage 2: „Es macht mir nichts aus ein Herz eines Säugetieres zu sezieren."

Vier von sechs Probanden haben überhaupt kein Problem damit ein Herz zu sezieren, obwohl sie Vegetarier sind. Ein weiterer spricht sich auch mehr für, als gegen das Sezieren aus. Ein Proband hat durch die Zahl Sieben eine sehr starke Abneigung gezeigt, die aber nicht absolut zu sein scheint.

Frage 4: „Es macht mir nichts aus ein tierisches Auge zu sezieren."

Der gleiche Proband wie bei Frage zwei hat auch ein absolutes Problem damit ein tierisches Auge zu sezieren, wohingegen zwei andere sich vollkommen dafür aussprechen und die Restlichen sich ihnen durch niedrige Zahlen anschließen.

Frage 5: „Das Gefühl, ein sauberes Organ (ohne Blut und Schleim) anzufassen, macht mir nichts aus."

Auch hier zeigt sich wieder bei fünf von sechs Probanden eine totale Bereitschaft für den Umgang mit Organen, von denen zwei Probanden sogar überhaupt kein Problem damit haben. Der sich schon in Frage zwei und vier sich widersprechende Proband, äußert sich wieder dagegen aus.

Frage 8: „Ich finde den Einsatz von Organen von Tieren im Unterricht ekelerregend."

Mit zweifacher Nennung der Zahlen sieben und acht, sind vier Probanden dieser Hypothese entgegengestellter Meinung. Ein Proband findet sich mit der Zahl fünf im Mittelfeld und der Letzte zeigt mit der Zahl zwei eine starke Abneigung gegenüber dem Einsatz von Organen im Unterricht.

Frage 9: „Ich finde den Einsatz von eindeutig (für Schüler) zu erkennenden Organen im Unterricht ekelerregend. (z.B. Auge)."

Wieder finden zwei Drittel der Probanden den Einsatz im Unterricht nicht ekelerregend. Auch hier haben die gleichen Probanden, wie bei Frage acht die Zahlen fünf und zwei angegeben und sich damit im Mittelfeld und der abgeneigten Position gezeigt.

Frage 10: „Ich würde wahrscheinlich während des Sezierens von Organen den Raum verlassen."

Der den Organen gegenüber abgeneigte Proband ist sich mit der Zahl fünf nicht sicher, ob er den Raum verlassen würde. Einer würde es auf jeden Fall tun und vier nicht.

Frage 16: „Während einer Sezierung tierischer Organe würde ich wahrscheinlich einen Nasenclip verwenden, um den Geruch zu meiden."

Drei Probanden haben absolut kein Problem damit, den Geruch beim Sezieren wahrzunehmen, einer schon. Ein Weiterer gibt mit der Zahl vier eher eine leichte Abneigung an, ist sich aber nicht sicher. Und ein weiterer mit der Zahl sechs eine vermehrte Toleranz gegenüber dem Geruch.

Hypothese Zwei: „Vegetarier neigen dazu den Umgang mit originalen tierischen Organen im Lernprozess zu vermeiden."

Wird durch die Fragen 1, 2 ,4 ,5 ,7 ,8 ,9 ,10 ,15 und 16 überprüft. Im Vergleich zu These Eins sind hier die Fragen *12 und 14*, dies ich speziell auf den Einsatz von Organen im Unterricht beziehen integriert. Die übereinstimmenden Vegetarier aus Frage 7 und 15 sind auch in dieser These relevant.

Vegetarier aus Frage 7 und 15	Frage 1	Frage 2	Frage 4	Frage 5	Frage 8	Frage 9	Frage 10	Frage 12	Frage 14	Frage 16
Proband 3	8	7	8	8	2	2	5	6	4	4
Proband 4	2	1	1	2	7	7	8	1	2	8
Proband 23	4	1	3	2	7	8	8	2	3	6
Proband 24	1	3	3	3	8	8	8	6	4	8
Proband 27	1	1	1	1	5	5	1	1	1	1
Proband 34	1	1	2	1	8	8	8	3	3	8

Abb. 8.1.2

Die grün hinterlegten Antwortzahlen sind für die Hypothese ausschlaggebend.

Die Aussagen die sich mit Hypothese eins überschneiden, werden nicht noch einmal ausgewertet, sind in der Tabelle aber zu sehen. Auch hier gilt wieder die Zahlenvergabe von eins „stimmt genau" bis acht „stimmt überhaupt nicht".

Frage 12: „Ich finde am Originalorgan zu lernen besser, als rein theoretisches Arbeiten."

Zwei Probanden stimmen dieser Aussage vollkommen zu und zwei weitere neigen mit ihrer Meinung ebenfalls in diese Richtung. Die restlichen zwei Probanden geben durch die Zahl 6 eine eher abgeneigte Haltung gegenüber dem Lernen am Originalorgan wieder.

Frage 14: „Ich finde es für Schüler zumutbar, Organe zu zeigen und zu sezieren."

Bei dieser Frage ist eine durchweg positive Haltung bei allen sechs Vegetariern zu sehen. Einer stimmt der Aussage vollkommen zu, drei weitere sind mit wenigen Vorbehalten dafür und die letzten zwei Probanden befinden sich im Mittelfeld, aber auf der dem Sezieren gegenüber offenen Seite.

Hypothese Drei: „Biologiestudenten sind vom Sezieren fasziniert."

Diese Hypothese wird durch folgende Fragen überprüft: 1, 2, 4, 5, 6, 10, 11, 12, 13, 16, 17

Diese Fragen lassen sich noch genauer in folgende Kategorien unterteilen:

A: Ekel gegenüber Fischgeruch und Schleim: 1, 3, 13, 17

B: Ekel gegenüber Geruch und Haptik bei Organen: 5, 10, 16

C: Faszination für das Lernen am Objekt: 2, 4, 6, 11, 12,

Es gibt zu diesen Fragen keine Extratabelle, da sie bereits in den Abschnitten 6.1 und 6.2 ausführlich ausgewertet wurden, hier ist nur eine kurze Zusammenfassung genannt.

Zu A:

Bei der Auswertung der Ergebnisse unter Frage eins, ist zu sehen, dass 96 % der Probanden kein Problem damit haben eine Forelle anzufassen. Frage Drei gibt Ausschluss darüber, ob die Teilnehmer sich vor dem Anblick einer Forelle ekeln.

Dies ist bei 51% der Fall. Zwei Drittel der Studenten haben kein Problem mit Fischgeruch (Frage 13) und mehr als die Hälfte der Probanden ekelt sich nicht vor dem Schleim eines Fisches (Frage 17).

Zur Kategorie A ist zu sagen, dass bei jeder Frage immer mindestens die Hälfte der Probanden keinerlei Ekel gegenüber Geruch oder Haptik eines Fisches geäußert hat.

Zu B:

Die Zahlen 47% und 28 % bei beiden Antwortzahlen eins und zwei, geben deutlich an, dass für zwei Drittel der Probanden die Haptik eines zu sezierenden Organes kein Problem darstellt (Frage 5). Insgesamt 87 % der Probanden würden wahrscheinlich nicht den Raum während einer Sezierung verlassen (Frage 10) und nur 6 % der Probanden sind sich sicher einen Nasenclip verwenden zu wollen (Frage 16).

Hier lässt sich zusammenfassend bei Kategorie B sagen, dass es über zwei Drittel der Probanden durchweg nichts ausmacht ein Organ, riechen oder anzufassen.

Zu C:

Bei der Frage 2, bei der es darum ging, ob es ihnen nichts ausmacht, das Herz eines Säugetieres zu sezieren, haben sich lediglich 4% der Probanden absolut dagegen ausgesprochen. Das zeigt demgegenüber eine hohe Anzahl an Studenten, denen es nichts ausmacht. Bei der Frage ob es ihnen nichts ausmacht ein tierisches Auge zu sezieren, zeigen 69% der Probanden ebenfalls eine Offenheit gegenüber dem Akt des Sezierens am Auge durch die Zahlen eins bis drei in ihrer Antwort. Auch bei der Befragung ob es für sie kein Problem darstellt Blut zu sehen (Frage 6), wurden die Zahlen eins bis drei von über 70 % der Probanden angegeben. Über zwei Drittel der Probanden stimmen der Aussage „Ich finde es faszinierend Organe im Original zu betrachten." durch die Zahlen eins bis drei zu, davon ein Drittel absolut (Frage 11).

Bei der Frage 12: „Ich finde am Originalorgan zu lernen besser, als rein theoretisches Arbeiten." wurden auch hier, die zustimmenden Zahlen eins bis drei am häufigsten frequentiert mit 74 %.

Zur Kategorie C lässt sich sagen, dass fast durchgehend über 70 % der Befragten eine deutliche Faszination gegenüber dem Lernen am Objekt geäußert haben.

Hypothese Vier: „Für Biologiestudenten gibt es keinen Ekel bei tierischen Präparaten."

Wird durch folgende Fragen überprüft:

A: Ekel gegenüber Fisch Geruch und Schleim: 1, 3, 13, 17

B: Ekel gegenüber Geruch und Haptik bei Organen: 5, 10, 16

Die Auswertung dieser Fragen ist unter Hypothese 3 zu finden. Hier wird auf die Probanden, die bei den ausgewählten Fragen Ekel empfinden, noch einmal eingegangen. Insgesamt wurden 16 Probanden die mindestens eine der Fragen, mit den für Ekel spezifischen Antwortzahlen gekennzeichnet haben, gefunden.

Probanden die Ekel angegeben haben	Frage 1	Frage 3	Frage 5	Frage 10	Frage 13	Frage 16	Frage 17
Proband 1	1	8	1	8	8	8	3
Proband 3	8	8	8	5	4	4	3
Proband 4	2	1	2	8	8	8	7
Proband 7	1	8	1	8	8	8	2
Proband 12	4	7	4	7	3	4	6
Proband 19	3	7	1	8	2	2	8
Proband 21	3	1	3	7	8	7	6
Proband 23	4	1	2	8	5	6	2
Proband 24	1	1	3	8	8	8	8
Proband 25	5	1	6	7	5	6	6
Proband 27	1	1	1	1	1	1	1
Proband 28	6	1	2	8	5	8	3
Proband 34	1	1	1	8	8	8	8

Proband 38	4	1	3	7	4	5	4
Proband 54	1	1	1	8	8	1	8
Proband 57	4	4	4	4	4	4	4

Abb. 8.1.3

In Abb. 8.1.3 sind die grün hinterlegten Zahlen, Angaben für mittleren bis starken Ekel, bei der jeweiligen Frage zu empfinden.

Probanden die nur bei einer Frage eine ekelspezifische Zahl angegeben haben:

- Proband Nummer Eins und Sieben geben nur bei Frage 17 an, Ekel zu empfinden. Diese bezieht sich explizit auf den Schleim einer Forelle. Ansonsten befinden sie sich mit ihren Antworten im erwarteten Bereich der Faszination.
- Die Probanden mit den Nummern 4, 21, 24, 34 und 38 geben an, dass sie keine ganze Forelle im Restaurant essen könnten, wenn sie mit Kopf und Augen serviert werden würde.
- Nummer 12 gibt durch die Zahl drei an, dass er wahrscheinlich eher zu einem Nasenclip bei einer Forellensezierung greifen würde, um den Geruch zu meiden.

Probanden mit Mehrfachnennungen bei ekelspezifischen Antwortzahlen :

- Proband Nummer 3: Die drei Fragen, bei denen dieser Kandidat Ekel zu empfinden angibt, beziehen sich darauf, eine Forelle anzufassen, das eigene Empfinden zum Schleim einer Forelle und die Bereitschaft, ein Organ, auch wenn es schleim- und blutfrei ist, anzufassen. Geruch scheint den Ekel des Probanden nicht zu beeinflussen und er ist auch bereit während einer Sezierung im Raum zu bleiben. Lediglich die Haptik ist für ihn ekelerregend.
- Proband Nummer 19: Diese Person hat sich bei beiden Fragen zum Geruch mit abneigender Haltung gezeigt. Die anderen Fragen sind für ihn kein Problem.
- Proband Nummer 23: Hier wurde angegeben, dass er keine ganze Forelle im Restaurant essen könnte und der Schleim einer Forelle ihn generell anwidert.
- Proband Nummer 25: Dieser Proband würde keine ganze Forelle im Restaurant verspeisen und hat ein leichtes Problem damit, Organe anzufassen.

- Proband Nummer 27: Empfindet Ekel bei Haptik und Geruch von Fisch oder anderen tierischen Präparaten. Es macht ihm jedoch nichts aus, eine Forelle im Restaurant zu essen oder sie anzufassen.
- Proband Nummer 28: Diese Person hat sich nur bei drei Fragen bezüglich der Forelle geäußert. So kann sie diese nicht komplett essen, anfassen und den Schleim empfindet sie ebenfalls als ekelerregend. Bei der Frage zum Geruch befindet sie sich eher im Mittelfeld durch die Zahl 5.
- Proband Nummer 54: Dieser Proband hat sich sehr klar durch Angabe von nur Höchst- oder Tiefstzahlen ausgedrückt. Die zwei Antworten, die für diese Hypothese relevant sind, beziehen sich auf den Ekel beim Geruch von Organsezierungen und dem Anblick einer ganzen Forelle.
- Proband Nummer 57 hat in der gesamten Umfrage überall die Zahl 4 angegeben. Dies erschwert eine Interpretation seiner Aussagen, da er entweder keine Lust hatte, den Bogen auszufüllen oder eine sehr unentschlossene Person ist, die erst weiß wie sie empfindet, wenn der Fall eintritt.

Hypothese Fünf: „Wer sich vor Fischgeruch ekelt, empfindet keine Faszination für das Sezieren."

Diese Hypothese wird durch folgende Fragen überprüft:

Ekel vor Fischgeruch: 13

Faszination für das Sezieren: 2, 4, 5, 6, 8, 9, 10, 11, 14, 16

Frage 11 befasst sich allgemein mit der Faszination für das Sezieren und ist für diese These ausschlussgebend.

Probanden die sich vor Fischgeruch ekeln: 3, 12, 19, 27, 28, 38, 57

Tabellarische Auswertung:

Probanden die Ekel angegeben haben	Frage 13	Frage 2	Frage 4	Frage 5	Frage 6	Frage 8	Frage 9	Frage 10	Frage 11	Frage 14	Frage 16
Proband 3	4	7	8	8	2	2	2	5	6	4	4
Proband 12	3	5	5	4	4	7	7	7	4	5	4
Proband 19	2	1	1	1	1	8	8	8	2	2	2

Proband 28	4	5	6	1	1	6	6	8	3	2	4
Proband 27	1	1	1	1	1	5	5	1	1	1	1
Proband 38	4	4	4	3	2	8	6	7	2	3	5
Proband 57	4	4	4	4	4	4	4	4	4	4	4

Abb. 8.1.4

Die grün hinterlegten Angaben sind für die Auswertung der These relevant.

In Abbildung 8.1.4 ist zu sehen, dass von den sieben befragten Probanden nur ein einziger (Proband Nummer Drei) angegeben hat, Fischgeruch als eklig zu empfinden. Auch ist der Proband vom Anblick der Organe im Original (Frage 11) nicht begeistert. Die Zahlen, die dafür stehen, sind eine Vier beim Geruch und eine Sechs beim Betrachten der Organe. Beide Zahlen sind keine Absolutwerte und finden sich eher im Mittelfeld wieder, was darauf schließen lässt, dass der Proband keinen absoluten Ekel für beides empfindet und es wohl auf die jeweilige Situation ankommt.

Betrachtet man jeden einzelnen der sieben Kandidaten, fällt Folgendes auf:

- Nummer 3: Er empfindet absoluten Ekel beim Sezieren eines Auges oder beim Anfassen eines Organs. Auch ein Herz zu sezieren setzt ihm schwer zu. Er gibt auch eine starke Abneigung gegenüber dem Einsatz von Organen im Unterricht an und steht dem Geruch von Fisch und Organen im Allgemeinen eher skeptisch gegenüber.
- Nummer 12: Hier wurden Antwortzahlen eher im Mittelfeld gegeben und somit keine Absolutwerte zum Thema Ekel. So ist er dem Geruch von Fisch und Organen sowie dem Sezieren eines Herzens oder eines Auges gegenüber abgeneigt. Auch ist er nicht davon überzeugt, Schülern Organe im Unterricht zu zeigen.
- Nummer 19: Dieser Proband empfindet nur den Geruch von Fisch und Organen beim Sezieren als ekelerregend. Mit allen anderen Fragen hat er kein Problem.
- Nummer 28: Auch diese Person gibt nur Zahlen im Mittelfeld an. So empfindet er Fisch- und Organgeruch als unangenehm und ihm ist nicht wohl dabei, ein Auge oder ein Herz zu sezieren.

- Nummer 27: Dieser Proband gibt einerseits an, kein Problem damit zu haben, ein Herz oder ein Auge zu sezieren, andererseits aber garantiert den Raum während einer Sezierung verlassen zu wollen. Auch hat er ein absolutes Ekelempfinden beim Fisch- und Organgeruch. Entweder hat er die Antwortzahlen verwechselt oder ist generell für die Ausführung von Sezierungen im Unterricht, möchte diese jedoch nicht selbst durchführen.
- Nummer 38: Dieser Kandidat hat nur ein leichtes Problem mit Fischgeruch, ansonsten ist er eher fasziniert vom Akt des Sezierens.
- Nummer 57: Durch seine durchgängige Antwort mit der Zahl 4 im gesamten Test, fällt dieser Proband aus der Hypothesenbildung heraus. Siehe Hypothese 4.

8.2 Diskussion der Ergebnisse

Hypothese Eins „Vegetarier neigen dazu Ekel gegenüber tierischen Präparaten zu haben."

Zu Hypothese Nummer eins kann gesagt werden, dass von den sechs befragten absoluten Vegetariern, zwei Drittel dem Umgang mit tierischen Organen und damit dem Sezieren gegenüber, eher positiv stehen. Ein Proband hat sich bei allen Fragen eher negativ geäußert und damit die anfangs gestellte Vermutung bekräftigt, aber nicht bestätigt, dass Vegetarier im Allgemeinen eine Abneigung gegenüber jeglicher Form von totem Tier hegen. Die Hypothese kann somit entkräftet werden, da es sich durch eine starke Mehrheit zeigt, dass Vegetarier, obwohl sie kein Fleisch essen, doch Faszination anstatt Ekel gegenüber tierischen Präparaten empfinden.

Hypothese Zwei: „Vegetarier neigen dazu den Umgang mit originalen tierischen Organen im Lernprozess zu vermeiden."

Zusammenfassend kann über Hypothese Zwei gesagt werden, dass die befragten Vegetarier dem Sezieren im Unterricht gegenüber positiv eingestellt sind, auch wenn ein Drittel es nicht als beste Methode für das Lernen über Organe empfindet. Im Vergleich mit ihrer eigenen Einstellung zum Thema Ekel bei Organen ist zu sehen, dass Proband Nummer 27 bei dieser Frage angibt, den Raum bei einer Sezierung verlassen zu wollen, aber absolut kein Problem damit hat, Schülern echte Organe zu zeigen und von ihnen zu lernen. Die anderen Vegetarier würden selbst sezieren und sehen es als sehr gute Methode, um sich Wissensinhalte besser aneignen zu können. Die anfangs aufgestellte Vermutung, dass ein Vegetarier sich generell gegen den Einsatz im Unterricht ausspricht, wenn er selbst Ekel empfindet, kann nur durch Proband 27 widerlegt werden. Die restlichen Probanden haben schon bei Hypothese Eins bewiesen, dass die Theorie vom generellen Ekel für totes Fleisch bei Vegetariern nicht haltbar ist. Durch Hypothese Zwei kann gesagt werden, dass das Gegenteil eintritt.

Hypothese Drei: „Biologiestudenten sind vom Sezieren fasziniert."

Die dritte Hypothese kann, wie schon unter 4.1 bereits angenommen, bestätigt werden. Über 70% der Probanden zeigen eine große Faszination für das Lernen am Objekt. Mindestens die Hälfte davon hat kein Problem mit einer Fischsezierung und zwei Drittel aller Probanden mit einer Organsezierung. Damit ist wohl bewiesen, dass die meisten Biologiestudenten Begeisterung für das Sezieren empfinden.

Hypothese Vier: „Für Biologiestudenten gibt es keinen Ekel bei tierischen Präparaten."

Zusammenfassend lässt sich sagen, dass es keinen Probanden unter den befragten Biologiestudenten gibt, der generellen Ekel in allen relevanten Fragen angegeben hat. Die hier extra aufgeführten Probanden, empfinden Ekel in nur bestimmten Bereichen, wie zum Beispiel dem Geruch von Präparaten, der Haptik eines Organes oder bei Fischen im Allgemeinen. Nur ein einziger Proband würde während einer Sezierung den Raum verlassen und nur zwei Probanden haben ein Problem damit ein Organ anzufassen.

Hypothese Nummer vier kann somit bestätigt werden und beweist, dass Biologiestudenten so gut wie keinen Ekel für den Umgang mit tierischen Präparaten empfinden.

Hypothese Fünf: „Wer sich vor Fischgeruch ekelt, empfindet keine Faszination für das Sezieren."

Zusammenfassend lässt sich sagen, dass Hypothese Fünf sich nicht bestätigen lässt. Bei den gefundenen sieben Probanden, die Ekel vor dem Geruch von Fisch empfinden, lassen sich nur bei drei wirklich nachweisen, dass sie sich auch vor Fischgeruch ekeln und eine Abneigung gegenüber dem Sezieren von Organen hegen. Außerdem wurden ihre Antworten durch Zahlen eher im Mittelfeld angegeben, was ein Beleg dafür ist, dass es keinen nennenswerten Zusammenhang zwischen dem Ekel vor Fischgeruch und der Faszination für das Sezieren gibt.

Rückschlüsse zur Eingangsfrage:

An Hand dieser Auswertung der fünf Hypothesen und der einzelnen Aussagen, lässt sich erkennen, dass die Mehrheit der befragten Biologiestudenten, dem Sezieren gegenüber positiv eingestellt ist. Auch eine positive Tendenz zum Einsatz in späteren Unterrichtseinheiten ist klar zu sehen. Die in der Einleitung gestellte Frage, warum das Sezieren so wenig Anwendung im Schulalltag findet, lässt sich nun unter verschiedenen Faktoren betrachten. Bei den hier befragten angehenden Lehrern und Lehrerinnen ist der größte Prozentanteil von über 70% bereit, diese Arbeitsform in ihren späteren Unterrichtsstunden einzusetzen und zeigt auch eine starke Begeisterung dafür. Dies kann davon abhängen, dass sie während ihres Studiums in intensiven Kontakt mit tierischen Präparaten gekommen sind und eine gewisse Faszination entwickelt haben, oder dass sie diese Methode bereits aus ihrer eigenen Schullaufbahn kannten und die Vorteile des Sezierens zu schätzen wissen. Es ist eine relativ neue Unterrichtsmethode, da sie in keinem gängigen Didaktikbuch der Biologie zu finden ist. Daher könnte vermutet werden, dass die momentan praktizierenden Biologielehrer nicht vertraut damit sind und die Arbeitsform daher meiden. Ob eine Lehrperson Vegetarier ist und daher ein Ekelgefühl im Umgang mit toten Tieren oder Teilen davon empfindet, wurde in dieser Fallstudie ebenfalls widerlegt und hat daher auch keinen nennenswerten Einfluss auf die Unterrichtsgestaltung. Diese Studie zeigte jedoch, dass es spezifischen Ekel bei bestimmten Situationen im Umgang mit tierischen Präparaten bei den Probanden gibt, diese können aber durch bestimmte Hilfsmaßnahmen oder Vermeidungstechniken vereinfacht oder umgangen werden. Diese möglichen Alternativen, werden im abschließenden Kapitel 9 genauer aufgeführt. Ekel einfach in Kauf zu nehmen oder abzubauen durch den Frontalkontakt mit dem Objekt, ist keine Alternative. Ekel ist eine Emotion und damit situationsgebunden und nicht beeinflussbar in der Intensität. Es wäre wenig förderlich ein Objekt mit in den Unterricht zu bringen, bei dem eine Lehrperson selbst Ekel empfindet und den Schülern dadurch, wenn vielleicht auch unbewusst, seine eigene Abneigung zu demonstrieren. Wie schon im Abschnitt Ekel (2.2) festgestellt, werden Emotionen durch die Vorbildfunktion von Erwachsenen bei Kindern verstärkt und antrainiert. Auch wenn Ekel zu den Grundemotionen gehört, um eine Schutzreaktion für den eigenen Körper vor Krankheiten oder Verletzungen zu gewährleisten, so sollte den Schülern nicht durch ein falsches Vorbild eine Vertiefung der Emotion gezeigt werden. Das Gegenteil ist der Fall, wenn der Lehrer selbst Faszination für die Arbeit mit dem Objekt empfindet. Er kann dann seine Vorbildfunktion nutzen und seine Begeisterung mit den Schülern teilen. Da Freude ansteckend wirkt und lernfördernd ist, kann dies nur zu einem gelungenen Unterricht beitragen, wenn eine Auswahl von tierischen Präparaten getroffen wird, die die Lehrperson selbst begeistert.

Abschließend kann gesagt werden, dass Emotionen eine große Rolle bei der Auswahl von den zu sezierenden Organen spielt. Diese sollten aber im Bereich der Faszination liegen, da sonst ein negativer Lerneffekt eintreten kann. Es bleibt zu hoffen, dass die hier befragten Studenten ihre Begeisterung für das Sezieren in ihrer späteren Schullaufbahn beibehalten und es nicht aus Zeit- oder Kostengründen aus ihrer Unterrichtsplanung ausschließen werden.

9. Mögliche Alternativen

Es gibt eine Vielzahl an Arbeitsformen, für den Einsatz im Unterricht (siehe Punkt 3.1) die durchaus als Alternative für das Sezieren genutzt werden können. Da im vorrangegangenen Punkt dieser Hausarbeit, schon bewiesen wurde, dass Vegetarismus kein Ausschlusskriterium dafür ist, einen Ekel gegenüber dem Sezieren zu empfinden, muss darauf in der Unterrichtsgestaltung keine Rücksicht genommen werden. Empfindet die Lehrperson selbst Ekel vor tierischen Organen im Original, so kann in der Planung ihrer Stunde komplett auf eine Sezierung verzichtet werden. Stattdessen kann die Lehrperson auf Medien wie Buch, Arbeitsblatt, Tafel, plastisches Modell oder Overheadfolie zurückgreifen. Oder sie ersetzt nur bestimmte Teile des Unterrichts durch diese und verzichtet darauf selbst die Organe anzufassen. Dies kann durch eine gute Vorbereitung und Aufgabenteilung mit den Schülern geschehen.

Bei den Fragen, die sich auf die Forelle beziehen, konnte kein allgemeiner Ekel vor einer Fischsezierung festgestellt werden. Es gab nur wenige Ausnahmen beim Geruch und Schleim des Fisches. Falls es Schüler mit ähnlichen Ekelgefühlen gegenüber Geruch und Schleim gibt, können folgende Alternativen Anwendung finden:

- Keinen Fisch im Original zeigen
- Handschuhe verwenden
- Nasenclip verwenden
- Frischen Fisch, der möglichst geruchsarm ist anbieten
- Fenster, wenn möglich öffnen um den Geruch zu minimieren
- Fisch vorher gründlich abwaschen um Schleim zu lösen

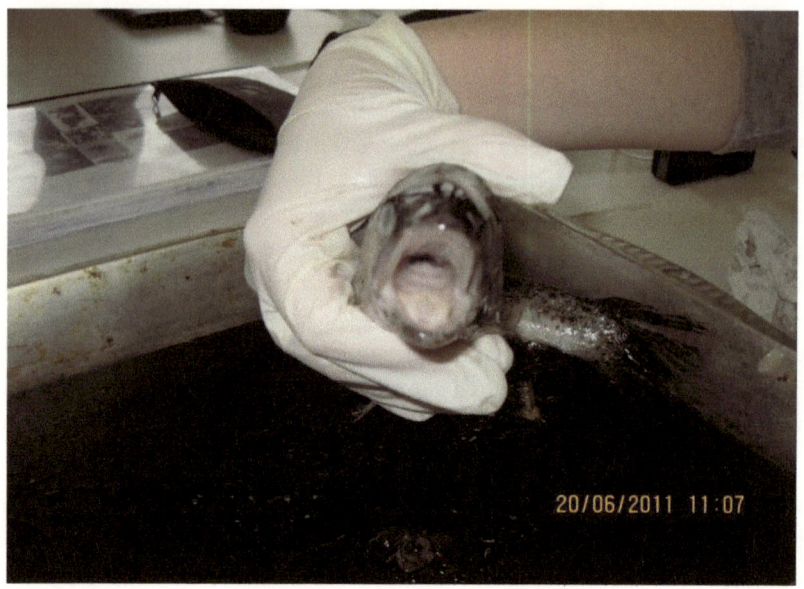

Abb. 9.1.1 Forelle

Auf der Abbildung ist eine tote Forelle vor einer Sezierung zu sehen. Sie wurde nicht vorher abgewaschen. Dadurch ist der Schleim noch sehr glänzend im Bild. Handschuhe müssen bei jedweder Sezierung verwendet werden, da dies zu den Hygienevorschriften gehört.

Weitere Fragen, die sich auf den Geruch und die Haptik von Organen beziehen, ergaben eine ähnliche Auswertung mit geringer Anzahl an Probanden mit Ekelgefühl. Auch hier kann gegen den Geruch als Hilfemaßnahme der Nasenclip oder das geöffnete Fenster genommen werden. Dabei sollte stets auf die „Frische" von den zu sezierenden Tieren geachtet werden. Für die Haptik gibt es die Alternative nur die Einzelorgane zu zeigen, welche vorher gründlich gesäubert wurden. Die Handschuhpflicht ist dabei eine wichtige Maßnahme.

In der Auswertung von Frage sechs stellte sich heraus, dass sich fünf Prozent der Probanden vor Blut ekeln. Eine Möglichkeit für eine blutarme Sezierung bietet die Fischsezierung, da hier äußerst wenig Blut zu sehen ist. Oder die Arbeit findet nur mit Einzelorganen statt, da diese (außer Leber, Herz und Milz) relativ blutleer zu erhalten sind.

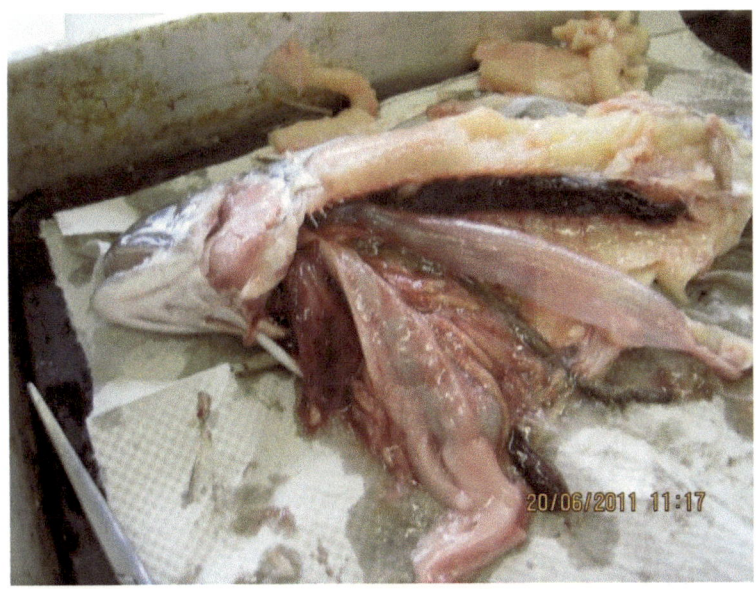

Abb. 9.1.2 geöffnete Forelle

Auf dem Bild ist eine geöffnete Forelle mit all ihren Organen zu sehen. Auf der Papierunterlage sind nur minimale Blutspuren zu finden.

Es kam bei der Auswertung heraus, dass sich ein kleiner Prozentsatz der Probanden vor den spezifischen Organen Herz und Auge ekeln. Dafür kann als Alternative, nur das Ausweichen auf andere Arbeitsformen für die Lehrperson angeraten werden. Tritt dieser Ekel bei Schülern auf, ist eine sensible Haltung des Lehrers gefragt. Kein Schüler sollte gezwungen werden, etwas zu tun, wozu er emotional nicht in der Lage ist. Dies kann zu eher negativen Assoziationen mit den Lerninhalten und der Lehrperson führen. Es muss geklärt werden, ob die Schüler sich schon rein vor dem Anblick ekeln. Dann sollte alternatives Lernmaterial wie z.B. Arbeitsblätter während dieser Stunde zur Verfügung stehen. Ist jedoch nur die Haptik ein Problem, können Schüler anderen Schülern beim Sezieren zusehen und trotzdem einen Lernerfolg erzielen.

Über die weiteren Möglichkeiten der Unterrichtsgestaltung kann gesagt werden, dass für jede Form von Ekel eine Alternative zu finden ist. Es muss nur vorab geklärt werden, ob die Schüler der Klasse Ekel gegenüber bestimmten Sachverhalten empfinden. Da diese Emotion nicht immer als Extremform auftritt, reichen manchmal schon Maßnahmen (wie oben genannt) aus, um die Situation für die

Schüler angenehmer zu gestalten. Empfindet der Lehrer selbst eine starke Abneigung gegen den Einsatz von tierischen Organen im Unterricht, kann er seine Unterrichtsgestaltung mit einer anderen Arbeitsform durchführen. Die Sozialform „Partner- oder Gruppenarbeit" kann bei vielen Arbeitsformen, die unter 3.1 beschrieben wurden, beibehalten werden. Die Umsetzung der Unterrichtsgestaltung ist der Lehrperson selbst überlassen. Es ist jedoch anzuraten, während einer Sezierung, immer einiges an Zusatzmaterialien in der Reserve zu haben, falls sich erst bei einer Sezierung herausstellt, dass ein Schüler mit der Situation nicht umgehen kann.

10. Anhang

Abbildungen der einzelnen Fragen im Vergleich Gruppe 1 zu Gruppe 2

Frage 1

Abb. 1.1

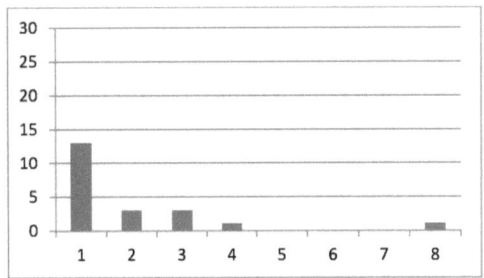

Abb. 1.2

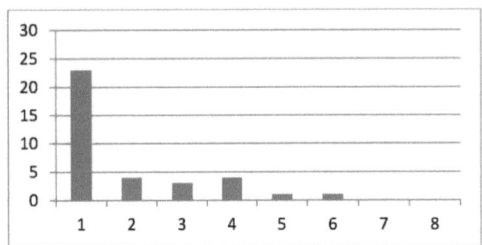

Frage 2

Abb. 2.1

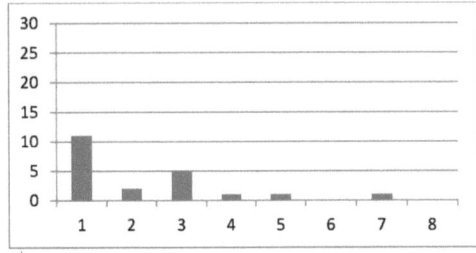

Abb. 2.2

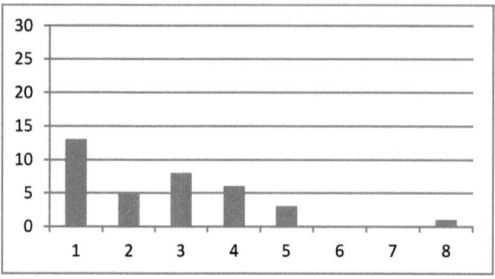

Frage 3

Abb. 3.1

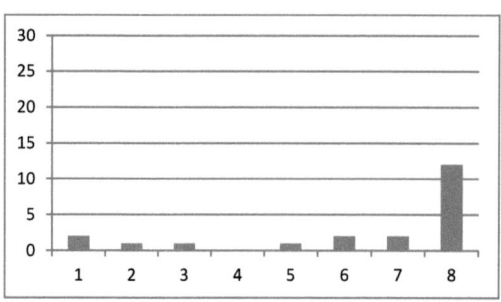

Abb. 3.2

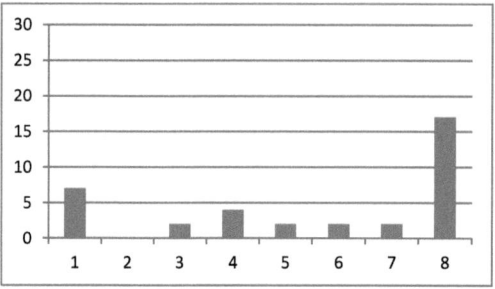

Frage 4

Abb. 4.1

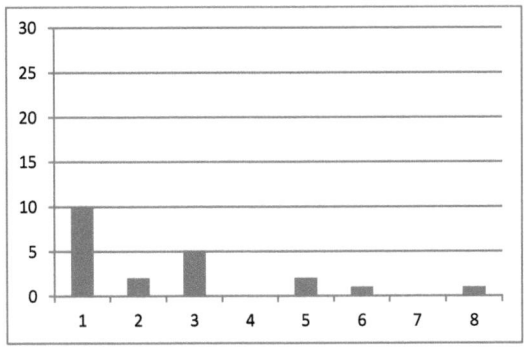

Abb. 4.2

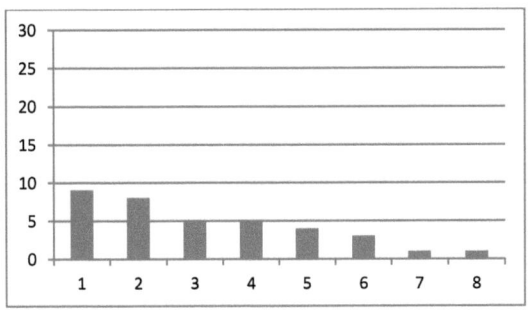

Frage 5

Abb. 5.1

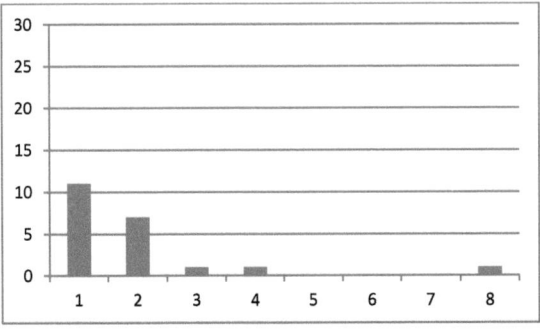

Abb. 5.2

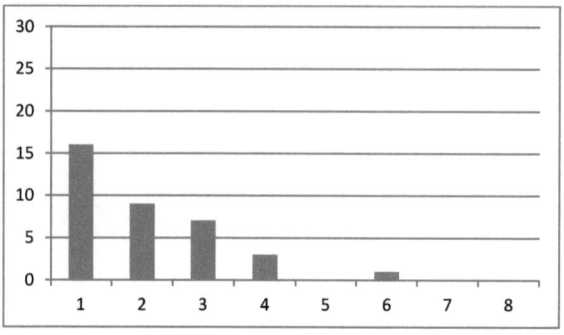

Frage 6

Abb. 6.1

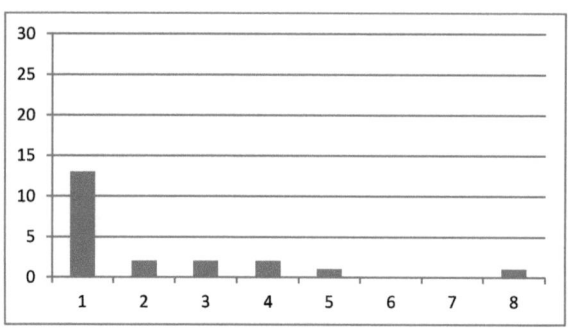

Abb. 6.2

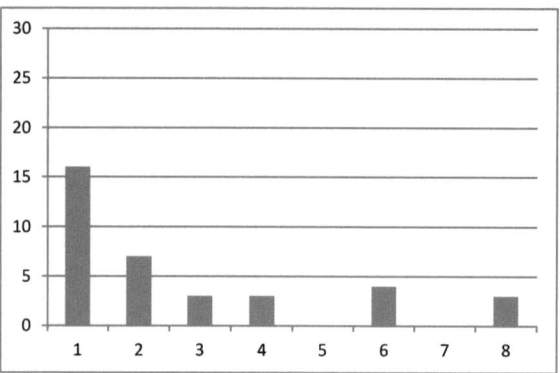

Frage 7

Abb. 7.1

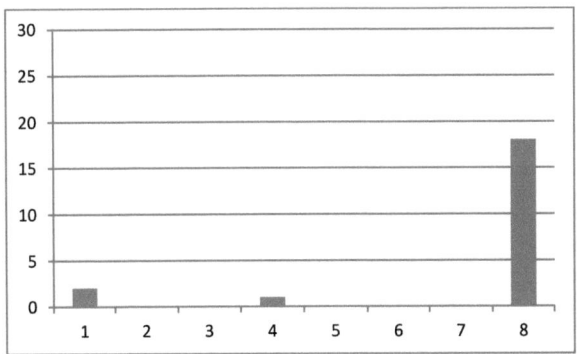

Abb. 7.2

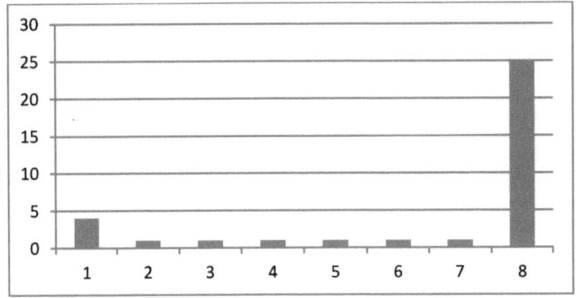

Frage 8

Abb. 8.1

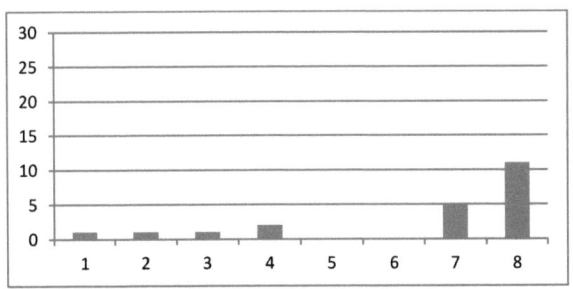

Abb. 8.2

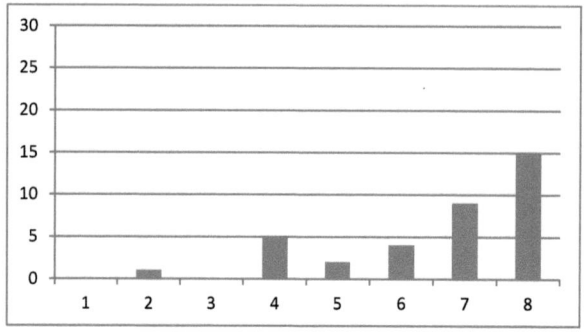

Frage 9

Abb. 9.1

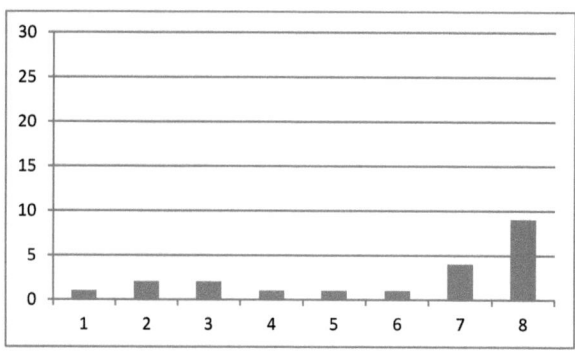

Abb. 9.2

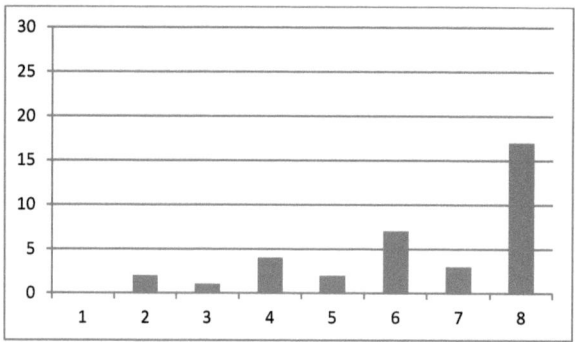

Frage 10

Abb. 10.1

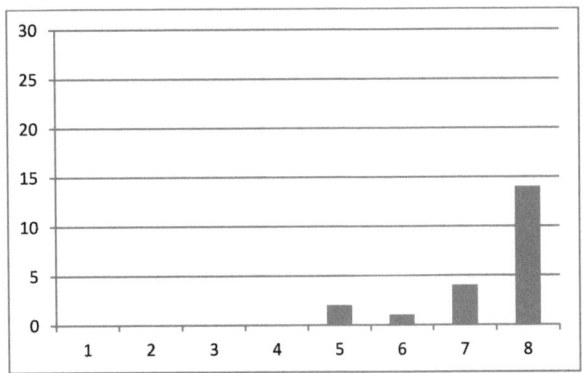

Abb. 10.2

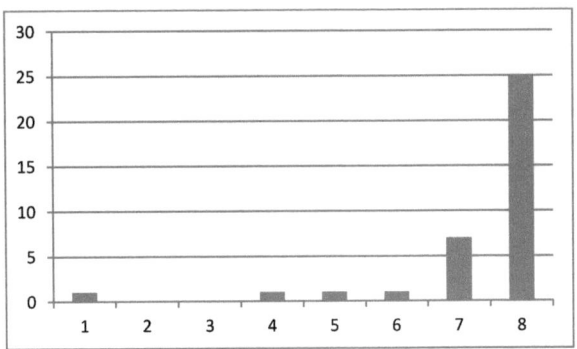

Frage 11

Abb. 11.1

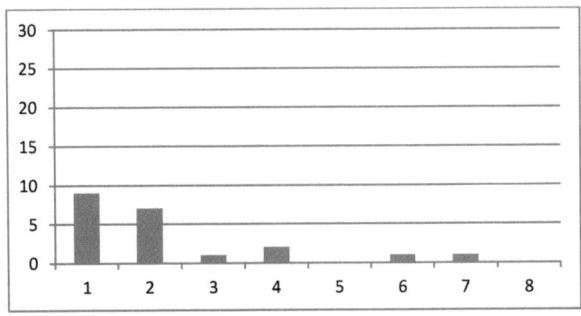

Abb. 11.2

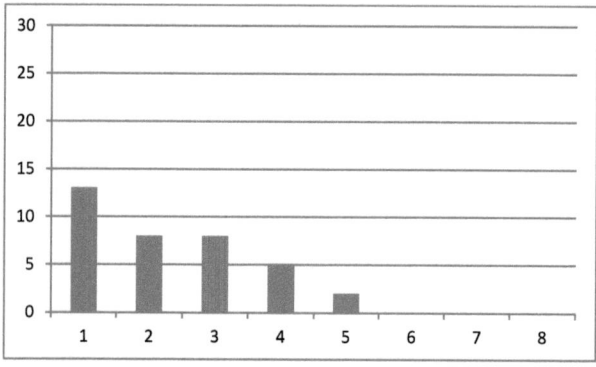

Frage 12

Abb. 12.1

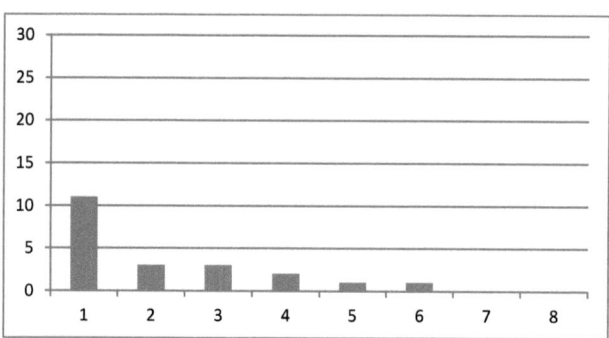

Abb. 12.2

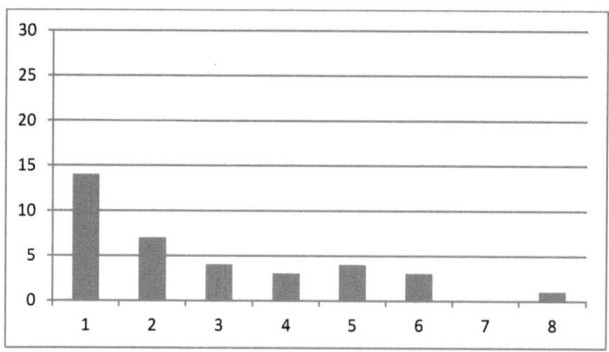

Frage 13

Abb. 13.1

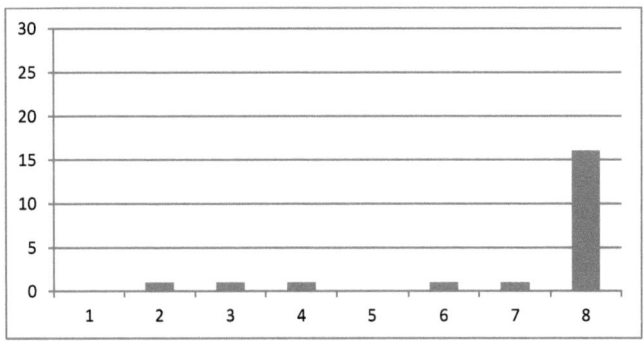

Abb. 13.2

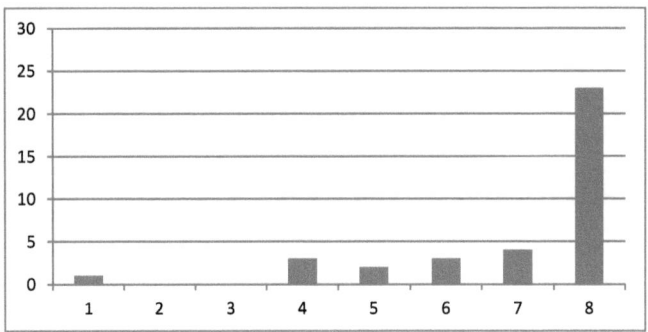

Frage 14

Abb. 14.1

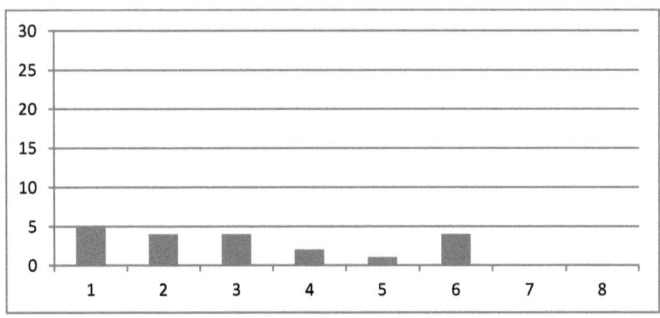

Abb. 14.2

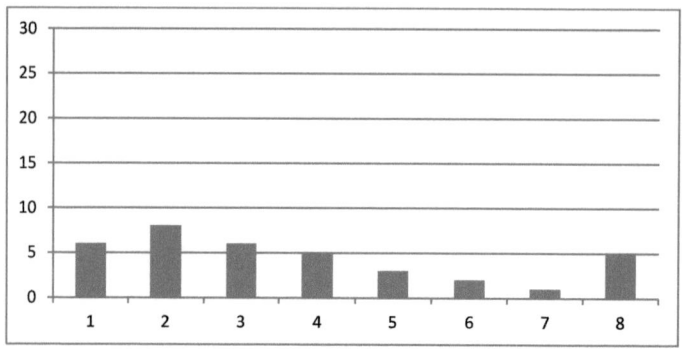

Frage 15

Abb. 15.1

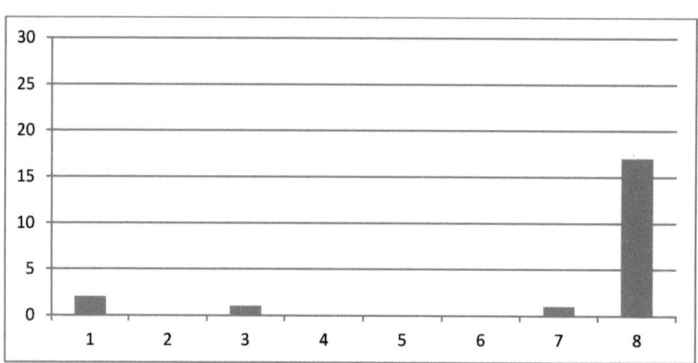

Abb. 15.2

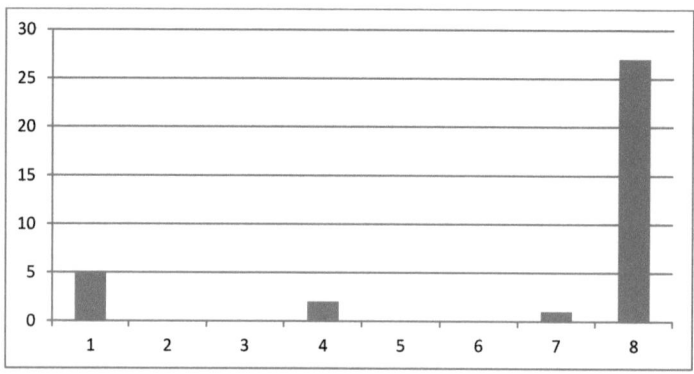

Frage 16

Abb. 16.1

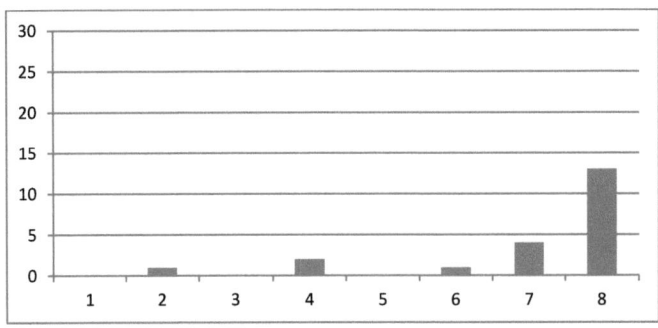

Abb. 16.2

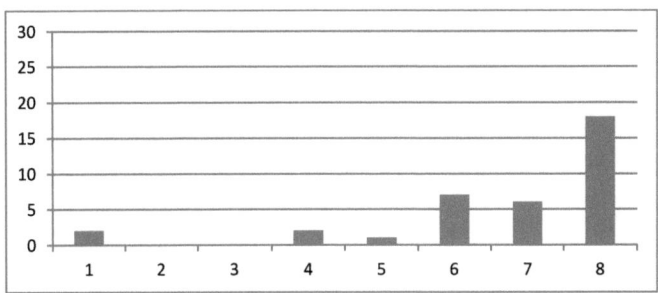

Frage 17

Abb. 17.1

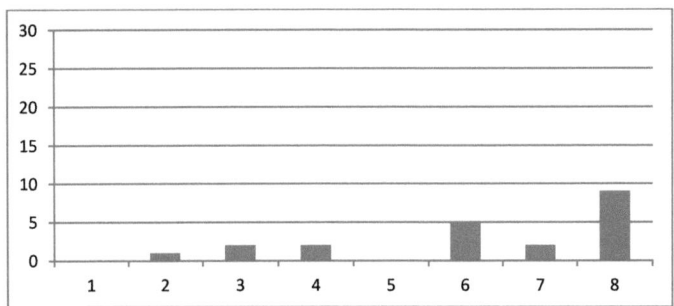

Abb. 17.2

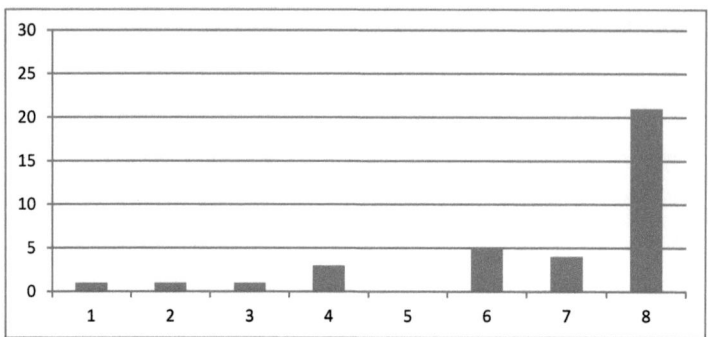

Standardabweichung, Mittelwert und Median der einzelnen Fragen

Alle Werte auf zwei Stellen nach dem Komma gerundet

Frage	Frage 1	Frage 2	Frage 3	Frage 4	Frage 5	Frage 6	Frage 7	Frage 8
Standardabweichung	1,48	1,64	2,69	1,97	1,36	2,14	2,56	1,86
Mittelwert	1,88	2,46	5,88	2,91	1,98	2,51	6,68	6,60
Median	1	2	8	2	2	1	8	7

Frage	Frage 9	Frage 10	Frage 11	Frage 12	Frage 13	Frage 14	Frage 15	Frage 16	Frage 17
Standardabweichung	2,09	1,26	1,42	1,80	1,71	2,16	2,59	1,77	1,94
Mittelwert	6,28	7,39	2,28	2,51	7,07	3,47	6,74	6,86	6,60
Median	7	8	2	2	8	3	8	8	8

11. Quellenangabe

Bücher in alphabetischer Reihenfolge

Bortz, Jürgen & Döring, Nicola 1995, *Forschungsmethoden und Evaluation für Sozialwissenschaftler*, Springer Verlag Berlin, Heidelberg, 2. Auflage.

Campbell, Neil A. & Reece, Jane B. 2009, *Biologie*, Pearson Studium, München, 8. Auflage.

Csikszentmihalyi, Mihaly 2003, *Flow. Das Geheimnis des Glücks*, Klett Cotta Verlag, Stuttgart, 11. Auflage.

Dehner-Rau, Cornelia & Reddemann, Luise 2011, *Gefühle besser verstehen*, Trias Verlag, Stuttgart, 1. Auflage.

Ewert, Jörg-Peter 1998, *Neurobiologie des Verhaltens: kurzgefasstes Lehrbuch für Psychologen,* Mediziner und Biologen, Verlag Hans Huber, Bühl, 1. Auflage.

Gerrig, Richard J. & Zimbardo, Philip G. 2008, *Psychologie*, Pearson Studium, München, 18. Auflage.

Hartmann, Martin 2005, *GEFÜHLE Wie die Wissenschaften sie erklären*, Campus Verlag GmbH, Frankfurt am Main, 1. Auflage.

Huber, Matthias 2013, *Die Bedeutung von Emotion für Entscheidung und Bewusstsein – Die neurowissenschaftliche Herausforderung der Pädagogik am Beispiel von Damasios Theorie der Emotion,* Verlag Königshausen & Neumann GmbH, Würzburg, 1. Auflage.

Killermann, Wilhelm, Hiering Peter & Starosta, Bernhard 2009, *Biologieunterricht heute- Eine moderne Fachdidaktik*, Auer Verlag GmbH, Donauwörth, 13. Auflage.

Kolnai, Aurel 2007, *Ekel Hochmut Haß - Zur Phänomenologie feindlicher Gefühle*, Suhrkamp Verlag, Frankfurt am Main, 1. Auflage.

Menninghaus, Winfried 1999, *Ekel – Theorie und Geschichte einer starken Empfindung*, Suhrkamp Verlag, Frankfurt am Main, 1. Auflage.

Staeck, Lothar 1995, *Zeitgemäßer Biologieunterricht- Eine Didaktik*, Cornelsen Verlag, Berlin, 5. Auflage.

Spörhase, Ulrike 2012, *Biologie Didaktik – Praxishandbuch für die Sekundarstufe 1 und 2*, Cornelsen Verlag, Berlin, 5. Auflage.

Rizzolatti, Giacomo & Sinigaglia, Corrado 2014, *Emphathie und Spiegelneurone. Die biologische Basis des Mitgefühls*, Suhrkamp Verlag, Frankfurt am Main, 5. Auflage.

Pinker, Steven 1999, *How the mind works*, Penguin Books, London, 3. Auflage.

Weitzel, Holger & Schaal, Steffen 2012, *Biologie unterrichten: planen, durchführen, reflektieren*, Cornelsen Verlag, Berlin, 1. Auflage.

Wulfhorst, Britta & Hurrelmann, Klaus 2009, *Handbuch Gesundheitserziehung*, Verlag Hans Huber, Bern, 1. Auflage

Artikel in alphabetischer Reihenfolge

Von Holstermann, Nina, Grube, Dietmar & Bögeholz,Susanne 2009, *"The influence of emotion on students' performance in dissection exercises"*, in JBE Volume 43, Ausgabe 4, S.164-168.

Von Holstermann, Nina, Ainley, Mary, Grube, Dietmanr, Roick, Thorsten & Bögeholz, Susanne 2012, *"The specific relationship between disgust and interest: Relevance during biology class dissections and gender differences"*, in Learning and Instruction 22 (2012), S.185-192.

Von Randler, Christoph, Wüst-Ackermann, Peter,Vollmer,Christian & Hummel, Eberhard 2012, *„ The relationship between disgust, state-anxiety and motivation during a dissection task"*, in Learning and Individual Differences Nr 22 (2012) , S.419–424.

Von Christoph Randler, Christoph, Hummel, Eberhard & Prokop, Pavol 2012, *„Practical Work at School Reduces Disgust and Fear of Unpopular Animals"*, in Society & Animals 20 (2012), S. 61-74.

Von Randler, Christoph, Hummel, Eberhard & Wüst-Ackermann, Peter 2013, *„The Influence of Perceived Disgust on Students' Motivation and Achievement"*, in "International Journal of Science Education", 2013, Vol. 35, Nr. 17, S. 2839–2856.

Von Retzlaff-Fürst, Carolin 2004, *"MODIFYING STUDENTS' AESTHETIC APPRAISAL OF "CREEPY CRAWLIES" THROUGH CHANGE OF PERSPECTICE"*, in Eridob "Developing Attitudes and Opinions: Interest and Motivation for Biology", S. 317-327.

Von Retzlaff-Fürst, Carolin (2007): *„ Hui oder pfui? der Wandel des ästhetischen Schülerurteils über Spinnen durch Interaktion mit lebenden Haus-*

spinnen (Tegenaria spec.) - Kompetenzen, Kompetenzmodelle, Kompetenzentwicklung - Empirische Forschung in den Fachdiaktiken Abstracts 3", Hrsgb. Bayrhuber, H. et al., S.289-302.

Von Retzlaff-Fürst, Carolin 2008, *" Was Kunst in der Biologie sieht"*, in Infodienst- das Magazin für kulturelle Bildung Nr. 88, S. 22-23.

Von Retzlaff-Fürst, Carolin 2011, *"Von Kellerasseln und Rehaugen"*, In Heuler Heft 95 „ Wissenschaftsserie", S. 16-17.

Abbildungen

Abbildung 2.1.1: http://www.familie.de/baby/wenn-babys-trotzig-sind-510363.html

Abbildungen 2.1.2 und 2.1.3: private Bilder der Autorin

Abbildung 2.1.4: https://www.e-study-psychologie.de/mod/book/tool/print/index.php?id=749

Abbildung 2.1.5: http://www.vaterfreuden.de/tipps/erziehungstipp/umgang-mit-kindlichen-alltags%C3%A4ngsten

Abbildung 2.1.6: http://www.apotheken-umschau.de/Lippenherpes/Kann-Ekel-Herpes-ausloesen-118277.html

Abb. 2.2.1 aus: Gerrig, Zimbardo

Abb. 3.2.3 realgetreues Model aus: Schuppel, Cora 2011, private Fotographie

Abb. 9.1.1 Forelle aus: Schuppel, Cora 2011, private Fotographie

Abb. 9.1.2 geöffnete Forelle aus: Schuppel, Cora 2011, private Fotographie